青 年 有 梦 想　　城 市 有 未 来

FUTURE　HOUSE

未来人居

深圳市保障性租赁住房小户型设计竞赛作品精选集

深 圳 市 住 房 和 建 设 局
深圳市人才安居集团有限公司　　主 编

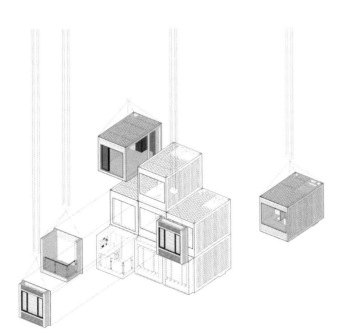

中国建筑工业出版社

序 言

P R E F A C E

序言一　为住宅研究的回归鼓掌

孙一民

华南理工大学建筑学院院长
全国工程勘察设计大师

住宅的建造，代表了人类对生存环境改善的孜孜以求。城市住宅一直是近代以来现代城市发展最核心的议题之一。无论是工业革命带来的技术变革，还是世界大战之后的社会巨变，无不让住宅设计成为重点，也产生了令人感动的卓越成就。

住宅的设计，也是建筑师非常重视的专题。许许多多著名建筑师都留下了住宅名作，如柯布、密斯、莱特，无不倾注心血在住宅设计上。日本建筑师曾经感慨，正是日本众多的小住宅建设给了日本青年建筑师无限的机会，从而造就了一批批建筑大师。

住宅建设在我国也曾经是重要主题，《建筑学报》历经数十年，专题最多的非住宅莫属。改革开放以来，最能反映生存环境变化的也是住宅的进步！无数家庭经历了房子通自来水、搬楼房、换高层……几乎是隔几年就转变一下。再后来，有的家庭住房甚至不止一套了。

住宅建设在深圳同样是特区建设首开纪录的再变样。20世纪80年代，深圳花园住宅小区登上了《建筑学报》。记得学生时代的1987年，我首次在深圳调研，非常新奇地看到北方设计院的深圳分院在住宅小区内租住和工作，方便舒适，充满活力，走在园岭小区的二层连廊上，感觉小区环境都不同了。

然而，慢慢地，住宅设计这个话题开始离建筑教育与实践越来越远了，建筑设计单位对住宅的研究越来越少。房地产的发展让住宅研究远离了院校，逐利的本性让房地产商更加重视住宅的生产效率和数据，住宅设计被开发商主导的强排取代了，住宅成了产品，建造目的只在营利。到了现在，从南到北的商品住宅连平面都越来越趋同……

正是基于这样的背景，我觉得要对深圳市政府主导的这次住宅设计竞赛鼓掌。

深圳本次住宅设计竞赛关注了住宅的社会意义。住宅是需要满足社会多层次需求的，而只有在服务于这一目的的过程中，住宅设计本身才能日益关注营利之外的事情。本次竞赛的小户型主题，就是聚焦了深圳社会的年轻人群体，以他们的需求可能为目标，可以说具有深远的社会意义！

深圳市保障性租赁住房小户型设计竞赛关注了建造技术的创新。畸形房地产快速增长模式下的住宅建设，习惯于最低廉的投入、最快速的资金周转，为了迎合销售需求，奢华诱人的景观装修成了主要指标，对技术的取用完全取决于销售情况。因此，高利润的房地产开发并没有带来住宅建设的高质量，与未来可持续发展和双碳战略相去甚远。本次竞赛对工业化、装配式的要求，可以算作对建造技术创新的关注，相信这样的关注将催生更加积极的技术创新成果。

相信本次竞赛能够引发社会对未来住宅设计建造模式的反思，将会极大地触发住宅建造深刻的转变。面对急剧变化的社会需求，大湾区的住宅建设将迎来新的挑战，越来越多的城市终将认识到，我们对住宅设计品质的追求，必须且能够超越地产销售。只有当住宅建设的宗旨回归本源，高质量人居环境建设的目标才有可能真正实现。本次竞赛，让我们对此充满希望。

习近平总书记在党的二十大报告中指出："坚持房子是用来住的、不是用来炒的定位，加快建立多主体供给、多渠道保障、租购并举的住房制度。"这为我们做好住房工作提供了科学指引和根本遵循。

深圳是经济大市、产业大市、人口大市，正扎实推进宜居城市、枢纽城市、韧性城市、智慧城市建设。深圳新市民多、青年人多，住房租赁需求旺盛，大力发展保障性租赁住房，已成为解决新市民、青年人等群体住房问题的重要渠道。2022年3月，深圳市出台了《关于加快发展保障性租赁住房的实施意见》，并由市长担任深圳市保障性租赁住房发展工作领导小组组长，深圳市保障性租赁住房发展工作全面提质提速。

但与此同时，深圳也面临土地资源紧约束的难题。我们始终坚持以人民为中心的发展思想，按照"越多越好、越快越好"的工作要求和"四跟"（跟着产业园区走、跟着大型机构走、跟着轨道交通走、跟着盘活资源走）的发展策略，不断加大保障性租赁住房建设筹集力度，提高保障性租赁住房规划建设品质。开展保障性租赁住房小户型设计竞赛活动，就是一次有益的尝试和探索。

深圳市保障性租赁住房小户型设计竞赛由深圳市住房和建设局主办，深圳市人才安居集团有限公司承办，深圳市勘察设计行业协会、装饰行业协会、家具行业协会三大行业协会共同协办。竞赛以"小户型、高品质、新生活"为主题，针对新市民、青年人的生活模式和居住需求，通过设计手段提高居住品质和舒适性，体现了便利、实用、集约原则，鼓励在"方寸之间"发挥创造力，打造高效集约极简的优质居住空间，向市民呈现"小而美"所拥有的独特魅力。

本次竞赛共有来自国内各地及美国、日本、西班牙、加拿大等50多个国家和地区的机构和个人踊跃报名参加，主办方邀请了建筑设计、装饰设计、家居设计等行业16位资深专家组成阵容强大的评审团，充分体现了比赛的国际性、专业性、权威性。同时，竞赛也通过网络投票，充分听取市民的意见建议。在综合考虑作品的创新性、模块化、标准化、可推广等多因素基础上，最终确定了一、二、三等奖及优秀奖名次。

参赛者以新建住房、城中村改建或宿舍改建等多类场景为基础，选择套内面积为12m²、18m²、27m²三个面积段中的至少任意两个进行设计，在满足层高不超过3.0m、可供单人/双人居住，以及提供最低要求的功能配置的基础上，还考虑了生活场景变化、居住者更换、科技产品变更迭代、装修家具运营维护等方面，通过设计手段提高了居住的品质和舒适性，体现了便利、实用、集约原则，并应对了普适性、可推广性和可实施性的要求。

获奖作品呈现了以下几个理念：一、标准化、模块化理念。设置预制标准单元，以达到提升生产效率、节约生产成本的目的；二、灵活性理念。在"有限空间"和"多样需求"的一对现实矛盾中，利用可变的空间组合和家具来应对场景切换，实现对不同需求的满足；三、普适性理念。大部分家具产品符合市场常规尺寸，并充分考虑了机电点位的使用需求，适配性高；四、集约化理念。以起居室为规整集中、灵活使用的大空间，避免切割完整的核心空间，其他功能围绕其而展开。

保障性租赁住房作为深圳"十四五"规划住房发展的重中之重，对于加快完善住房保障体系，更好地落实《国务院办公厅关于加快发展保障性租赁住房的意见》和"十四五"规划的有关要求，有效缓解深圳新市民、青年人等群体阶段性住房困难，具有十分重要的意义。本次竞赛是在深圳市土地紧约束的背景下，对高效、集约、极简、优质的居住空间利用进行的一次探索，获奖的小面积户型暂时不会用于保障性住房建设，未来将考虑在商业办公等非居住功能的建筑改造成保障房的工作中部分吸收竞赛作品的优秀设计理念。

本书作为保障性租赁住房的珍贵资料库，为后续保租房的设计建造理念形成、技术和工艺创新，将起到极为重要的促进作用，也必将对增进新市民、青年人的获得感、幸福感、安全感起到正向的推动作用。

编委会

2023.12

专家点评

通过推演人、空间与时间三者的相互关系与平衡，探讨出极小型住宅的发展可能性，带来很多关于居住空间的趣味性探讨；工业化的设计、生产、安装将带来高效与高品质的居住产品，发掘了极简空间与无限活力生活的交集，创造出更多的社区交流场景，从而提供了未来小户型安居建设的新着眼点。

李　荣　深圳市奕境建筑装饰设计工程有限公司主创、首席设计师

提供了多元开放的空间框架与标准功能模块，灵活组合，可实现定制入住与产品个性化，可进行全生命周期的维护、提升、迭代、重组，显示出较强的细节设计、造型设计与空间设计能力，适宜快速建造，可持续而具有未来感。

黄晓东　深圳市建筑设计研究总院有限公司总建筑师

为我们展现了未来深圳城市租赁单元应该有的建筑空间形态，满足居者多元居住需求，充分挖掘小面积公共服务设施用地价值，真实地为城市还原了共享安全绿色健康可持续发展的"共享家园"的示范模板。

易　强　深圳易道创和设计顾问有限公司首席设计师

从解剖基本功能入手，是较好地应对新市民、青年人多元生活方式的有效路径，比较系统地解决了高密度城市用地紧张的现实问题，灵活方便并且高效，是一种系统的从单元到建筑，再到社区、城市的整体解决思路。

庄　葵　悉地国际设计顾问（深圳）有限公司联席总裁

从户型到建筑、从社区空间到城市尺度，再到装配式建筑、家具整合设计技术层面等更广泛领域进行系统性的谋划，具有较高的前瞻性和可实施性。

张之杨　INGAME Office 创始人、主持建筑师

目 录

C O N T E N T S

第一章　立体聚落——公服设施复合开发的未来居住模式

深圳未来需要怎样的公共住房？怎样高效地完成既定的建设目标？深圳特殊的人口构成对公共住房有怎样的需求？我们希望借由本次小户型设计，表达城市建设者在新时代新要求下，对城市与建筑、建筑与环境、环境与人居、人居与未来等方面的思考。

第二章　"模"方 & More Fun——MiC 模块化集成社区空间

勒·柯布西耶是20世纪现代主义先行者，他的著作《走向新建筑》奠定了工业化住宅、居住机器等建筑理论的基础，构想房子也能够像汽车底盘一样工业化成批生产。近年来，全球科技创新进入空前密集活跃的时期，新一轮科技革命和产业变革正在进行，柯布西耶对于建筑工业化的梦想或将在这个时代得以实现。

二等奖　　055

第三章　井然见大——构建空间序列，释放灵活空间，塑造生活的秩序感

"井然见大"以更迭流转、生生不息的城中村为场景，通过微更新的方式建立落地性与普适性兼具的城中村与住房保障系统结合的样本。"井然"指的是通过整合多种功能模块，构建复合、集约、高效的核心空间序列，从而释放灵活空间；以研究为导向的设计同时满足使用的舒适性和便利性，让居者在有限空间中，拥有对居住、社交、文化、健康等不同维度生活方式的选择，因而"见大"。

三等奖　　085

第四章　比邻而居——突破墙体边界的城中村住房改造途径

总体而言，我们的设计是一种具有普遍意义的小户型的尝试，无论基于怎样的平面和现有空间，都可以将交错融合的概念置入，从而节约面积；利用空间高度，将家具多功能化，从而在非常有限的面积中创造出舒适宜人的生活。

第五章　包裹住宅——从户内到阳台，从理性到浪漫

包裹住宅用最简单直接的方式将每个居所打造成完整的、预制的、可装配的"包裹"，在钢结构框架中插入包裹，即形成住宅。它将生活的硬件需求与生活内容本身一并生产、建造，成为一个便携式的容器，以最集约的方式创造高效且富有品质和情调的生活，使家的美好跟随居者一同迁徙。

第六章　三相宅——构建时间、空间、品质平衡

本设计的基本立场是在空间的范畴内力求使设计保持中立，助力并鼓励伸用者更充分地发挥他们固有的创造力。作为设计师，我们希望通过空间与器具的设计，与住户一同学习如何过上理想的生活。

第七章　1+N 宅——菜单式订制的全生命周期居住模块

随着科技的不断发展和社会的不断变迁，城市的面貌正在发生翻天覆地的变化。在这场变革的风暴中，一个全新的概念应运而生——"1+N"社区。它不仅仅是一个居所，更是一个拥有无限可能的个性化创新空间，将未来与创新融为一体。这种全新的社区理念以空间的开放性、多元性、参与性为特点，让使用者与时间共同定义空间的功能，同时引导、鼓励使用者去创造和发现。

第八章　植入式微宅——保障性住房的第三条道路

我今天收到了一份深圳CBD 的offer，想在附近落脚。该落在哪里呢?也许只在这家公司试用一两周就想换换感觉了，也许"生态园"更适合我?比起铆足劲留下来，我想趁着年轻多看看多走走，比家的大小更重要的是居住街区的环境，我更看重安全感；我不需要花哨的厨房，只要一口锅就好，哪里有这样的超短期、超简约公寓呢?

一等奖
The First Prize

二等奖
The Second Prizes

三等奖
The Third Prizes

优秀奖
The Excellent Prizes

一等奖	二等奖	二等奖	三等奖

立体聚落
公服设施复合开发的未来居住模式

「模」方 & More Fun
MiC 模块化集成社区空间

井然见大
构建空间序列，释放灵活空间，塑造生活的秩序感

比邻而居
突破墙体边界的城中村住房改造途径

三等奖　　　　　三等奖　　　　　三等奖　　　　　三等奖　　　　优秀奖

包裹住宅
从户内到阳台，从理性到浪漫

三相宅
构建时间、空间、品质平衡

1+乙宅
菜单式订制的全生命周期居住模块

植入式微宅
保障性住房的第三条道路

Vertical Mixed Use Community—— Future Lifestyle Integrated with Public Facilities

立体聚落

公服设施复合开发的未来居住模式

一等奖　The First Prize

设计团队

深圳市建筑设计研究总院有限公司 | 建筑创作院

项目主持人：孟建民

主创建筑师：杨　旭　冯志勇　吴南华　宋诗雨

主要设计人：梁嘉文　肖家琪　赖　红　叶美帆　张俊坚　史晨翔　秦铭谦

结 构 顾 问：侯学凡

BIM 顾 问：孟　乐

装配式顾问：金鑫绿建

设计理念

站在城市维度思考社会问题
建立系统性的设计实施策略
运用技术手段影响未来人居

深圳未来需要怎样的公共住房?

怎样高效地完成既定的建设目标?

深圳特殊的人口构成对公共住房有怎样的需求?

我们希望借由本次小户型设计,表达城市建设者在新时代新要求下,对城市与建筑、建筑与环境、环境与人居、人居与未来等方面的思考。

用技术尝试解决城市问题

我们在设计之初，充分研究了供房体系政策和深圳的公共住房的建设目标——"十四五"期间需完成保障房建设约50万套。经测算，相比于城市更新与旧建筑改造，新建高层的方式将最为高效地满足保障房市场需求量大、建设周期短的要求。

在城市新增用地不足的大背景下，存量建设用地成为主要供地渠道，经过对深圳可开发利用的土地及居住人群的需求进行深入分析，我们认为在中心城区地铁站500m以内，充分挖掘小面积公共服务设施用地的潜力，进行复合开发，可快速解决城市选址难题。结合公服设施如公交站、消防站等设施立体开发，可使住宅获得核心区位用地，有效连接城市配套，激发片区活力，大大提升公服用地的开发价值，是解决新建住宅配套不足与年轻人生活需求多样之间矛盾的最佳途径之一。

从建造到制造的模式转型

设计从"人本需求"出发，结合家具部品尺寸、户内空间尺度、建筑常用模数和实施建造要求，确定本产品的通用模数，以此设计一种高效又舒适的户型模块，重新定义"标准单元"，向上衔接结构体系，向下兼容内装体系。

我们设计了高兼容性的结构体系，可满足多种常规使用需求的空间尺寸自由组合，以符合政府和市场的户型面积段要求，同时利于适应公服设施功能的特殊需求，如消防站和公交站停车区域的大跨度空间。在结构选择上，传统混凝土结构可以满足建造要求，但我们希望利用钢结构高品质性、高适应性、高绿色性、高经济性等特点，使公共住房建设更符合当下低碳绿色的发展趋势。

在内装体系中，我们以12m^{2}户型为基础，进行家具部品尺寸与空间匹配度的研究，得出开间进深比1:2为空间利用率最佳的模数。

以此思路，本设计的户型单元以2.6m×4.8m的基础户型模块进行叠加组合，形成7.8m×6.3m×9m的钢结构单元。基于此，可达到12m^2、18m^2、27m^{2}全面积覆盖。本设计精准、灵活，构件单元最少，形成理性化、标准化、模数化立面，利于装配式建造的实施。

标准单元模块可根据实际的用地和户数要求，自由拼接，灵活组合，更好地适应用地条件，打造多样性的城市空间。其中风车型布局占地最小，效率最高，可使项目在极限的用地条件下进行建设。

在本设计中，我们希望将建筑全生命周期思考的维度和广度进一步延伸，从设计到生产、运输、建造，以及后期维护与回收，均纳入设计体系，达到一体化集成设计，将钢结构和装配式的性能优势发挥到最大，同时达到建筑空间使用品质的最优，并实现公共居住建筑社会效益的提升。

适应当下及未来的生活场景

当前深圳的发展速度和人口构成决定了公共住房空间的集约化和客群的年轻化与精英化。因此，如何提高空间使用效率，并在有限的空间内为公共住房的使用人群创造多元的生活场景，提高居住的体验感，是我们设计时考虑的重点。

户型室内设计以"中心型"空间布局、最大化活动区域为特色，通过"加大面宽、优化私密、全U布局、强化收纳、精细凸窗"五大策略，打造效率更高、更加人性的居住空间。结合智慧化家具，提供多种空间创变可能，满足年轻人个性多样的需求，实现"极简空间，无限生活"。

公共空间设计结合租赁人群社交需求，在空中错落布置"共享舱体"，如公共洗衣、共享厨房、共享健身、休闲花园等，弥补高密度开发带来的公共空间缺失问题，为居住人群创造更多交流的可能，共筑社区健康生活。

塑造具有城市特质的公共住房形态

在建筑造型方面，我们力求最大化发挥钢结构与装配式建筑的特点，使之不受制于传统结构，突破造型模式框架，整体更为简洁、轻巧与科技化，形成有别于传统住宅模式的、具有深圳城市特质的新一代公共住房形象，为深圳公共住房打造时代标志。

深总院保障房小户型设计，以城市维度切入思考，以绿色发展为核心理念，以集约单元为源点，以公共设施为媒介，以潜力挖掘、竖向复合、经济低碳为切入点，以人本体验为导向，不断研究前沿技术与设计策略，在"方寸之间"发挥创造力，打造符合新市民、青年人消费水平及新生活理念的高效集约型高品质居住空间；为深圳实现可持续、绿色、生态发展目标与落实公共住房小户型产品的可实施性、可推广性做出新的探索。

作品特色

城市选址	密度城区，新建高层
复合利用	潜力挖掘，竖向复合
单元研究	集约单元，自由组合
室内设计	极简空间，无限生活
技术集成	装配一体，经济低碳

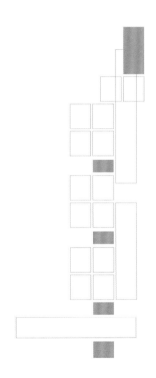

城市选址：密度城区，新建高层

共享都市配套，融入城市生活

一个宜居的社区应拥有通达便利的交通、丰富齐全的配套和安全便捷的管理，使人们在满足居住需要的同时，享有对医疗、教育、文化、商业、娱乐、运动等城市配套设施和资源的使用权。城市中心区的基础服务设施覆盖率高，能够便利地满足居民工作生活的多样需求，是建设保障用房的理想选址。

7 层农民房改造：

Ⅹ 2778 栋 / 年

以7层农民房改造为例，每年需改造2778栋，方可满足10万套的住房需求。

5 层厂房改造：

Ⅹ 400 栋 / 年

以5层厂房改造为例，每年需改造400栋，方可满足10万套的住房需求。

新建 100m 高楼栋：

Ⅹ 156 栋 / 年!

若新建100m高楼房，每年仅需建造156栋，即可满足10万套的住房需求。

保障用房市场需求量大，建设周期短，新建高层最为高效！

挖掘中心城区地铁站 500m 范围内**小面积公共服务用地价值，进行复合开发**

民乐公交场站	明治派出所	福田消防站

节地单体，小规模用地复合建设，快速解决城市选址难题

复合利用：潜力挖掘，竖向复合

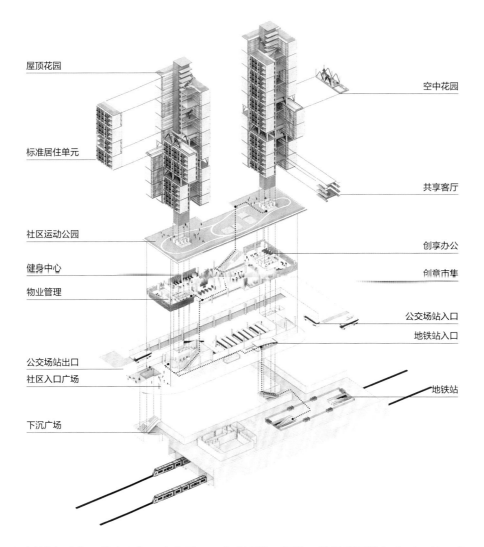

屋顶花园

空中花园

标准居住单元

共享客厅

社区运动公园

创享办公

健身中心

创享市集

物业管理

公交场站入口

地铁站入口

公交场站出口

社区入口广场

地铁站

下沉广场

通过城市公交、共享服务、生态屋顶、空中居住，塑造可持续发展的复合型居住聚落

单元研究：集约单元，自由组合

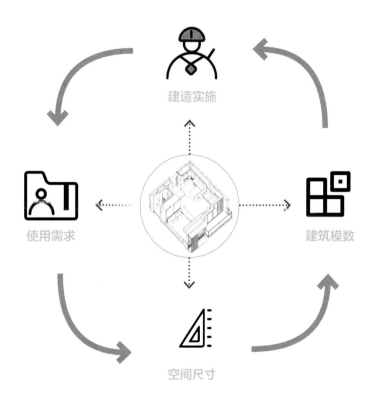

建造实施

使用需求

建筑模数

空间尺寸

从人本需求出发，重新定义标准单元

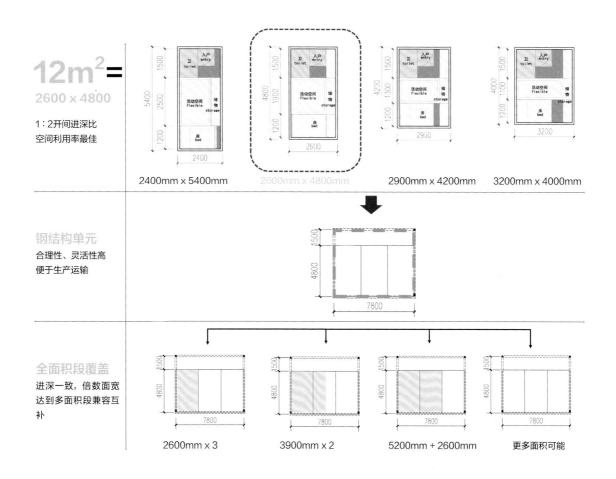

12m² =

2600 x 4800

1：2开间进深比
空间利用率最佳

2400mm x 5400mm

2600mm x 4800mm

2900mm x 4200mm

3200mm x 4000mm

钢结构单元

合理性、灵活性高
便于生产运输

全面积段覆盖

进深一致，倍数面宽
达到多面积段兼容互
补

2600mm x 3

3900mm x 2

5200mm + 2600mm

更多面积可能

模数推导：确定 2.6m 作为标准开间，1：2 开间进深比，空间利用率最佳

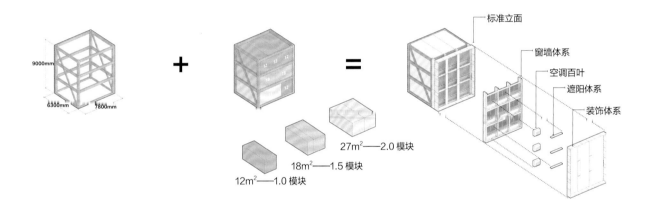

结构单元
三层形成一个标准结构
最优精准度与灵活性

居住单元
三种户型可灵活组合
12m² x 3 / 18m² x 2 / 27m²+12m²

立面单元
单元构件模数统一
形成理性化、标准化、模数化立面
利于装配式实施

9000mm

6300mm   7800mm

12   13   12
18   18
27

27m²——2.0 模块
18m²——1.5 模块
12m²——1.0 模块

标准立面
窗墙体系
空调百叶
遮阳体系
装饰体系

单元模块：7.8m x 6.3m x 9m 结构单元，模块种类少，兼容性、标准化程度高

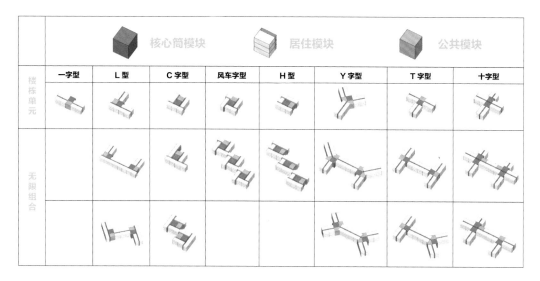

	一字型	L 型	C 字型	风车字型	H 型	Y 字型	T 字型	十字型
核心筒模块	居住模块			公共模块				

组合模式：核心筒 + 单元 ×N ——无限组合，适应场地，创造多元城市空间

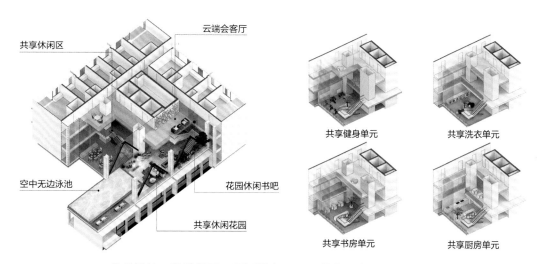

公共模块：整体装配，灵活植入。无限共享，实现更多交流与可能

室内设计：极简空间，无限生活

通过可变的家具，可分时段将床"隐藏"，提高服务空间利用率，实现空间自由。

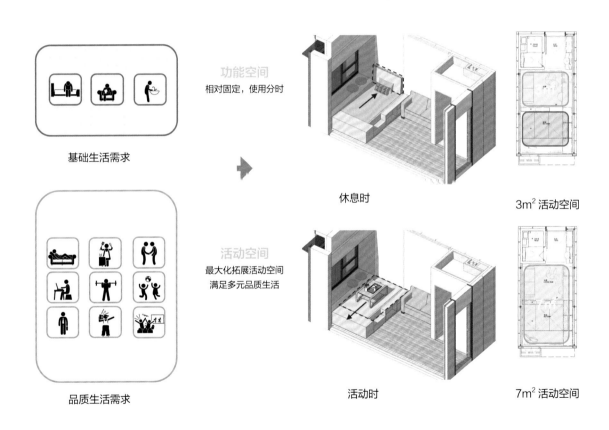

基础生活需求

品质生活需求

功能空间
相对固定，使用分时

休息时

3m² 活动空间

活动空间
最大化拓展活动空间
满足多元品质生活

活动时

7m² 活动空间

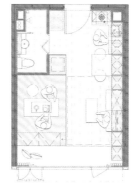
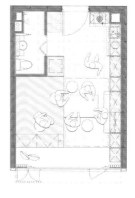

观影模式

卧室空间与起居空间共同拓展为居家影厅，4.8m视距，舒适的观影体验。

运动模式

卧室空间拓展为1.5m×2.4m运动空间，瑜伽、普拉提自由伸展。

休闲模式

卧室空间拓展为榻榻米茶室，饮茶品茗，兴趣爱好充分发挥，不受限制。

聚会模式

起居空间拓展为4.8m宽小横厅，展开折叠餐桌，多人聚会，尽情享乐。

技术集成：装配一体，经济低碳

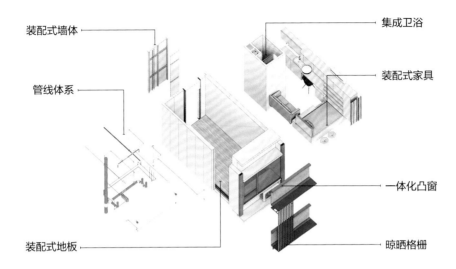

装配式墙体

集成卫浴

管线体系

装配式家具

一体化凸窗

装配式地板

晾晒格栅

围护体系

围护体系采用双层ALC板，外板厚125mm，采用外挂式安装，内板厚75mm，内嵌式安装，针对其与主体结构、装修连接节点及构造进行优化设计，建筑外围气密性、水密性等性能得到了可靠保证和提升。
内外墙板均采用高温蒸压轻质加气混凝土板（简称ALC板），墙板厚度75mm~200mm，ALC板为双层配筋板，具有重量轻，集防火、保温、隔音、装饰于一体的优点。

内装体系

部品标准化：装修部品及配件均为专业工厂标准化制造。
品质可控化：有唯一编码的标准化部品在工地现场按编号装配安装，可有效降低施工过程中的出错概率，使工程品质切实可控。
施工快捷化：按照部品编号装配式工法使工程施工更加快捷，可有效提高施工效率、缩短施工周期。
维保便捷化：装修部品可单块式无损化更换，使污损部品维保更换简单便捷。
低碳环保化：装饰部品材质可擦可洗、拆卸无损，基层材料可循环利用。
交付产品化：标准化部品无需二次加工即可快速扣装，使室内装修实现建筑产品化整体交付。

设备与管线体系

设备与管线体系的设计基于BIM技术，完美匹配结构体系、围护体系和内装体系。针对钢结构特性，体系对机电设备管线排布方式、穿越构造间的协同进行了一系列优化，基于一体化设计协同考虑，从源头实现管线穿梁，管线分离，避免多根电气管线交叉敷设，有效改善了建筑空间，并使运营期的维护和管理变得更加简捷高效。

钢结构

塔楼中心设置剪力墙核心筒，用来提供足够的刚度和强度，周边设置不落地钢结构框架柱，通过核心筒设置伸臂桁架，将周边建筑"挂"在核心筒上，以达到正常使用的目的。

底层周边框架钢结构柱不落地，用以提供较大的活动空间，因此底层的扛倾覆力矩和剪力应全部由核心筒剪力墙承担，加大底层墙体厚度，避免结构刚度和承载力突变，较好地实现了该建筑的结构可行性。

标准层结构

梁柱节点

钢筋桁架楼承板

装配率

装配式建筑评分表（GB/T 51129-2017）						
	评价项	评价要求	评价分值	最低分值	应得分	得分	说明
主体结构（50分）	柱、支撑、承重墙、延性墙板等竖向构件	35%≤比例≤80%	20~30	20	30	20	钢柱、钢支撑
	梁、板、楼梯、阳台、空调板等构件	70%≤比例≤80%	10~20		20	20	型钢梁、钢楼梯、钢筋桁架楼承板
围护墙和内隔墙（20分）	非承重围护墙非砌筑	80%≤比例	5	10	5	5	轻质墙板
	围护墙与保温、隔热、装饰一体化	50%≤比例≤80%	2~5		5	5	
	内隔墙非砌筑	50%≤比例	5		5	5	轻质墙板
	内隔墙与管线、装修一体化	50%≤比例≤80%	2~5		5	4.5	
装修和设备管线（30分）	全装修	—	6	6	6	6	
	干式工法楼板、地面	70%≤比例	6		6	6	
	集成厨房	70%≤比例≤90%	3~6		6	6	
	集成卫生间	70%≤比例≤90%	3~6		6	6	
	管线分离	50%≤比例≤70%	4~6		6	6	
应得分			100		100	83.5	
装配率			83.5%				

社会效益

根据《装配式建筑评价标准》GB/T 51129-2017，采用钢结构装配式建筑的装配率一般为80%~90%，可达ＡＡ级装配式建筑标准，满足省市及国家级装配式示范项目评选要求。

装配式建筑满足的要求：
主体不低于20分；采用全装修；装配率不低于50%

装配率 60%~75%　Ａ级
装配率 76%~90%　ＡＡ级
装配率 91% 及以上　ＡＡＡ级

结构类型	围护+内墙+装修得分（满分50）	主体结构得分（满分50）	装配率（满分100）	说明
钢筋混凝土框架结构	36	20	56	梁、板、楼梯、阳台、空调板等构件全预制，柱墙现浇
钢筋混凝土装配式结构	36	20	56	梁、板、楼梯、阳台、空调板等构件全预制，柱墙现浇，采用集成卫生间
钢结构装配式结构	34	50	84	主体全预制，采用集成卫生间

工期优势

全钢结构主体的梁、柱、楼承板均为工厂化制作标准件，现场直接装配，不需搭设脚手架。安装周期基本是 2~3 层一节柱吊装＋两层梁的安装，楼板为钢筋桁架楼承板，不需搭设脚手架、支模，现场的钢筋绑扎量为常规的 30%。

结构类型	层数	每层结构施工周期（天）	主体施工总工期	与常规钢筋混凝土结构相比节约工期（天）	说明
钢筋混凝土剪力墙结构	25	7	180	0	主体结构施工时间含塔吊安装及顶升、脚手架搭设等与主体结构施工配套的作业
钢筋混凝土装配式结构	25	9	270	-90	
钢结构装配式结构	25	4	120	60	

钢结构装配式结构比常规现浇钢筋混凝土结构节约60天，比PC装配结构节约150天，工期优势明显

设计方案

12m² 户型设计

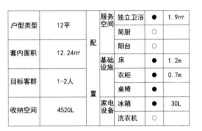

户型类型	12平	配	服务空间	独立卫浴	●	1.9㎡
				简厨	○	
套内面积	12.24㎡			阳台	○	
			基础设施	床	●	1.2m
目标客群	1-2人	置		衣柜	●	0.7m
				桌椅	●	
收纳空间	4520L		家电设备	冰箱	●	30L
				洗衣机	○	

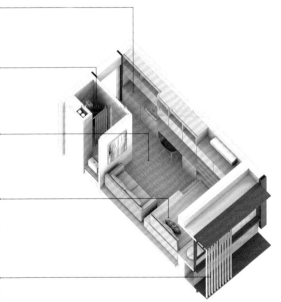

完整玄关
玄关设有洗手台和收纳柜，功能完备，入户从容

独立卫浴
马桶、淋浴独立分设，空间充足，洗漱不局促

灵活起居
约3m²中心活动区，工作、休闲均可满足

可变卧室
床和榻榻米自由变换，提供更多生活可能

阳光晾晒
一体化凸窗，设置遮阳板和晾衣杆。外层设置格栅，晾晒功能与城市美观兼顾

12m² 剖立面

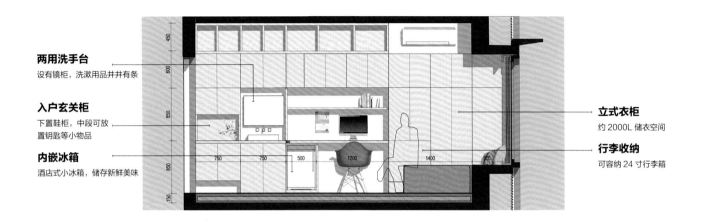

两用洗手台
设有镜柜，洗漱用品井井有条

入户玄关柜
下置鞋柜，中段可放
置钥匙等小物品

内嵌冰箱
酒店式小冰箱，储存新鲜美味

立式衣柜
约 2000L 储衣空间

行李收纳
可容纳 24 寸行李箱

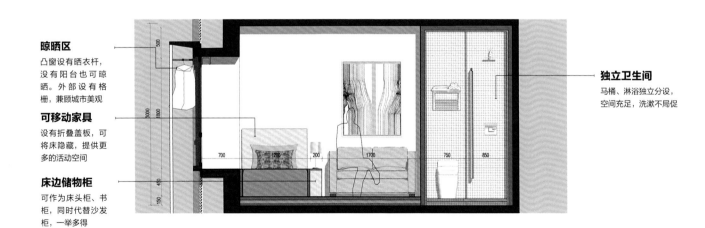

晾晒区
凸窗设有晒衣杆，
没有阳台也可晾
晒。外部设有格
栅，兼顾城市美观

可移动家具
设有折叠盖板，可
将床隐藏，提供更
多的活动空间

床边储物柜
可作为床头柜、书
柜，同时代替沙发
柜，一举多得

独立卫生间
马桶、淋浴独立分设，
空间充足，洗漱不局促

18m² 户型设计

户型类型	18平	配	服务空间	独立卫浴	●	2.76㎡
				简厨	●	2.42㎡
套内面积	18.48㎡			阳台	○	
			基础设施	床	●	1.5m
目标客群	1-2人			衣柜	●	1.0m
		置		桌椅	●	
收纳空间	6100L		家电设备	冰箱	●	95L
				洗衣机	●	

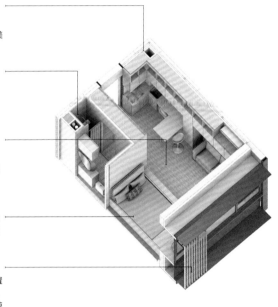

L 形简厨
L型开放式小厨房，
功能齐备，满足美
食达人下厨的乐趣

独立卫浴
三件套卫生间，
马桶、淋浴独立
分设，空间充
足，使用便捷

灵活起居
约5㎡中心活动区，
工作、休闲均可满足

可变卧室
床和榻榻米自由变
换，提供更多生活
可能

阳光晾晒
一体化凸窗，设置
遮阳板和晾衣杆。
外部设置格栅，晾
晒功能与城市美观
兼顾

18m² 剖立面

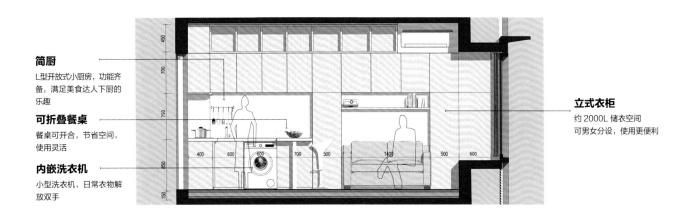

简厨

L型开放式小厨房，功能齐备，满足美食达人下厨的乐趣

可折叠餐桌

餐桌可开合，节省空间，使用灵活

内嵌洗衣机

小型洗衣机，日常衣物解放双手

立式衣柜

约2000L储衣空间可男女分设，使用更便利

晾晒区

凸窗设有晒衣杆，没有阳台也可晾晒。外部设有格栅，兼顾城市美观

可移动家具

设有折叠盖板，可将床隐藏，提供更多的活动空间

床边储物柜

可作为床头柜、书柜，一举多得

干湿分离卫生间

三件套卫生间，马桶、淋浴独立分设，空间充足，使用便捷

入户玄关柜

下置鞋柜，中段可放置钥匙等小物品

行李收纳

可容纳28寸行李箱，行李箱包不进内室

27m² 户型设计

户型类型	27平	配置	服务空间	独立卫浴	●	4m²
				简厨	●	3.2m²
套内面积	26.52m²			阳台	●	3.12m²
			基础设施	床	●	1.8m
目标客群	2-3人			衣柜	●	1.8m
				桌椅	●	
收纳空间	8400L		家电设备	冰箱	●	118L
				洗衣机	●	

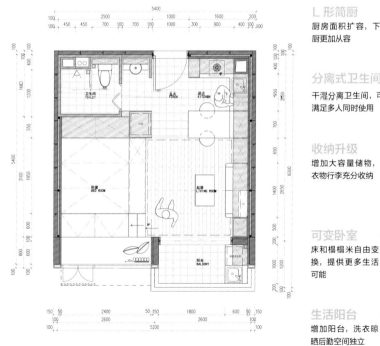

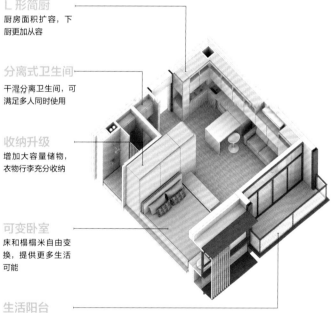

L 形简厨
厨房面积扩容，下厨更加从容

分离式卫生间
干湿分离卫生间，可满足多人同时使用

收纳升级
增大大容量储物，衣物行李充分收纳

可变卧室
床和榻榻米自由变换，提供更多生活可能

生活阳台
增加阳台，洗衣晾晒后勤空间独立

12m² 户型室内透视图

18m² 户型室内透视图

18m² 户型室内透视图

以华强北公交场站为例的建筑设计方案

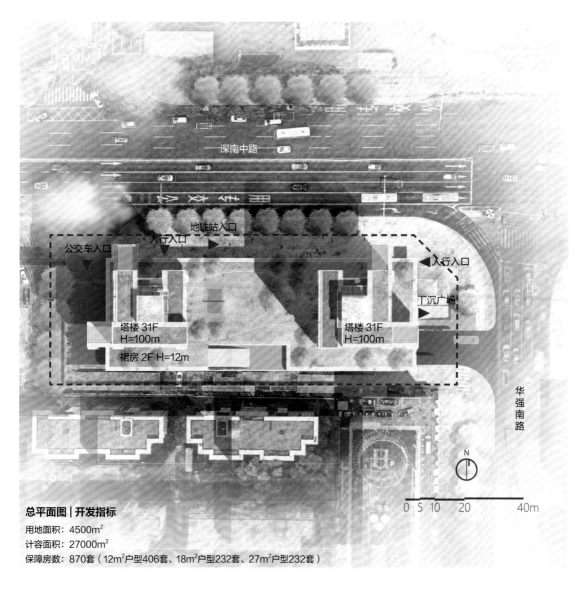

总平面图 | 开发指标

用地面积：4500m²

计容面积：27000m²

保障房数：870套（12m²户型406套、18m²户型232套、27m²户型232套）

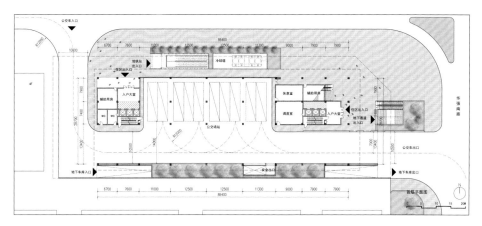

首层平面图

1. 改善原公交站无序组织，新公交流线与城市主干道车流流线和谐融汇，公交场站管理方便。

2. 优化入户与周边地铁的联系，使得居民可以快速入户，减少转换时间，减少地铁口的拥挤。

3. 人车流线相对独立，流线分离提高空间效率，提升出行体验。

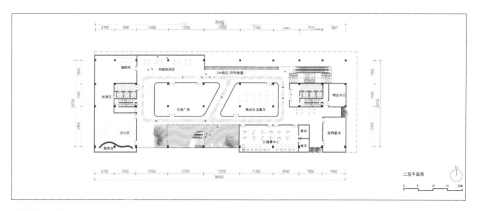

二层平面图

1. 共享服务，街市串联，提供居民便捷的生活服务。

2. 提高城市绿化的立体延伸。

裙房满足原有城市功能需求，通过城市立体街道串联共享服务配套，激发活力

标准层平面图

户型分布图

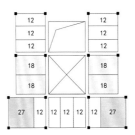

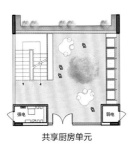

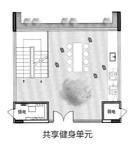

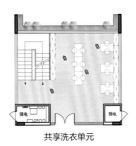

共享厨房单元　　　　　　共享健身单元　　　　　　共享洗衣单元　　　　　　共享书房单元

标准柱网单元灵活组合，并置入"共享舱体"，促进邻里交往

More Fun — Modular Integrated Construction Community Space

"模"方 & More Fun

MiC 模块化集成社区空间

二等奖　The Second Prizes

设计团队

深圳市华壹装饰科技设计工程有限公司

深圳市优舍住产科技有限公司

深圳前海贾维斯数据咨询有限公司

设计指导：陈日飙　郭文波　陈竹

设计负责人：刘宏科　操雯雯　蔡书才　李刚

设 计 师：张胜涛　曹力　郝岩峰　孙昊辰　范智毅　彭加木　杨成　刘海睿

　　　　　张启源

设计理念

勒·柯布西耶是20世纪现代主义先行者,他的著作《走向新建筑》奠定了工业化住宅、居住机器等建筑理论的基础,构想房子也能够像汽车底盘一样工业化成批生产。近年来,全球科技创新进入空前密集活跃的时期,新一轮科技革命和产业变革正在进行,柯布西耶对于建筑工业化的梦想或将在这个时代得以实现。

深圳作为全球最具活力和创新精神的国际都市之一,吸引了无数来自世界各地的人才和企业。作为人口净流入的超大型城市,面对旺盛的住房租赁需求,大力发展保障性租赁住房,已成为解决新市民、青年人等群体住房问题的重要渠道。2023年深圳市已将建设筹集保障性住房不少于74万套(间)列为"十四五"住房规划的重要目标,如何找到大规模住房建设与高品质住宅之间的平衡点,如何"又快又好"地为深圳新市民、青年人提供高效集约、丰富优质的居住空间,成为本次竞赛亟需解决的关键问题。

基于对建筑工业化的理解，本案提出以功能复合的户型产品来满足不同居住场景的空间需求，以MiC[①]模块化集成建筑产品来满足住房快速建造的建设需求。

在MiC模块化单元产品的设计思路上，基于逆推的设计逻辑，从人的生活需求和家具、内装的材料尺寸出发，形成人体所需生活空间的净尺寸，进而推衍出基本的建筑空间尺寸。最终，本案提出了2.75m×4.5m的模块化标准单元，实现了竞赛要求的12m²最小户型的空间尺寸。在这样一个基本单元中，基于对青年人生活方式和生活习惯的思考，形成了涵盖玄关、餐厨、卫生间、工作、休息五大功能的标准产品。内部空间设计，在不减损每个功能所需的空间最小尺度的前提下，将空间的利用率发挥到极致，以空间复合利用的方式，满足了青年人群的基本生活功能需求。

针对27m²户型，以模块化为基础，在结构等基础设施不变的情况下，两个12m²户型的盒子+外挂预制阳台形成新的27m²的居住产品，通过家具、家居的不同摆放与组合方式，打造不同的居住场景和生活体验。在室内空间的呈现上，形成舒适、宽敞的空间体验，满足单身青年、二人世界的所有需要。

在MiC模块化单元产品的建造逻辑上，基于建筑工业化的产品设计思维，以12m²户型空间为模块化标准单元，设计将建筑围护结构、装饰装修、机电管线、家居家装等所有功能集成在标准单元产品之内，通过工业化的生产来提供高品质的成熟产品。每个模块单元采用工厂化生产，在工

---

① MiC：是Modular integrated Construction的简写，其中文名是组装合成建筑法。根据香港屋宇署的定义，将预制组件厂房生产的独立组装合成组件（已完成饰面、装置及配件的组装工序）运送至工地，再装嵌成为建筑物，被称为组装合成建筑。相较传统的装配式建筑，MiC可以将90%以上的施工作业在工厂完成，现场只需完成吊装、处理模块拼接处的管线接驳及装饰等少量工作，是目前工业化完成率较高的一种建筑形式。

厂内高效完成模块的结构、装修、水电、管线、卫浴设施等所有工序，实现了户型产品的快速建造，确保了单元产品的品质。模块化单元产品的节点设计，充分考虑了结构受力与施工工序等要求；在施工现场，通过可靠技术快速组合拼装，标准化的产品单元与通用性的节点连接，以及全装配的建造方式，大大提高了户型产品的建造速度，实现了项目产品的快速建造、低碳环保。在同样的模数结构框架下，建筑首层重新组合成社区配套功能，同时每层抽取标准单元植入休息区，形成灵活多变的社区配套系统。针对多层与高层建筑结构，通过采用不同的结构形式，可满足各类型的社区建造要求。

本案以"模"方 & More Fun为主题，以人居需求为起点，从室内到建筑，通过MiC模块化组合建筑技术的应用，为深圳的"新市民、新青年"提供全新的居住产品——"模"方之家，在方寸之间，打造高效集约的住户空间。

一个产品构建百变空间。
一套标准演绎万家生活。
"模"方之家的诞生，为深圳新市民、新青年提供缤纷多彩的
品质生活，为深圳公共住房体系的建设增砖添瓦。

作品特色

基于递推式设计逻辑的户型产品设计

基于工业化产品思维的 MiC 模块化组合建造

基于 CIM+BIM 数字化技术应用

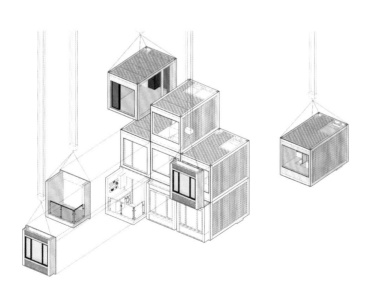

逆推式设计逻辑的户型产品设计

基于逆推式设计逻辑的户型产品设计：针对青年人群不同生活模式的研究，从人体工程学出发，以资源共享、可行性为核心原则，形成涵盖五大功能的标准户型产品，尽可能在小空间中把利用率发挥到极致。以人的活动为基础反向生成建筑空间模数与尺寸，体现了以人为本的设计理念。

推演逻辑

底层　　　　　　　**人的需求**　　　　　　**级配关系**　　　　　**标准户型模块**

核心尺度与形态　　　功能模块与动线　　　功能配置与户型级配关系　满足模数标准化的功能体系
（部品尺寸、生产尺寸、　（结合人的操作动线，单一　（通过户型大小，对应空　（集合门窗、机电、设备需求，
人体工程、关联模数）　　模块组合成单位空间模块）　间匹配与之相对应功能）　　　形成标准模块）

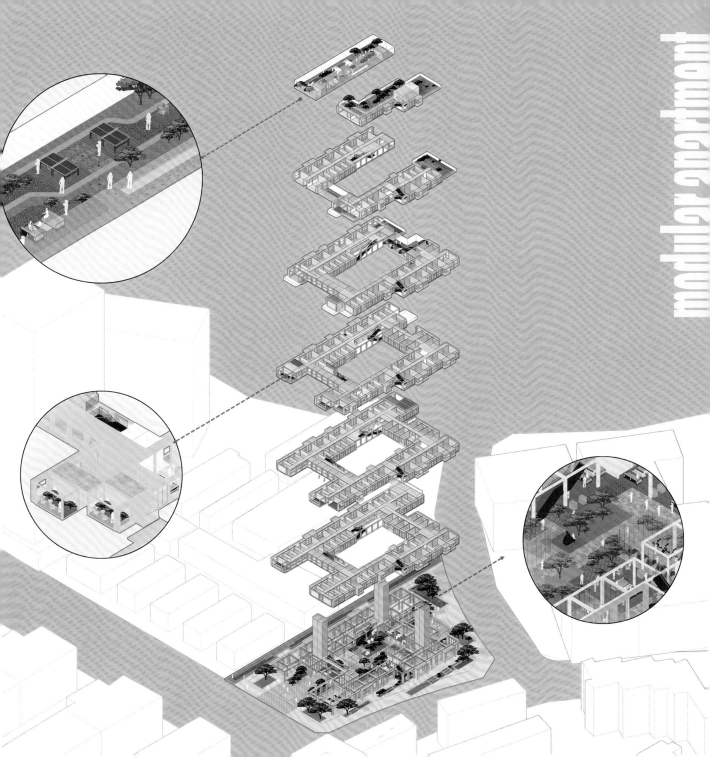

工业化产品思维的 MiC 模块化组合建造

基于工业化产品思维的 MiC 模块化组合建造：户型产品采用 MiC 模块化组合建造技术，标准化的单元模块与通用性的节点连接，为产品的快速拆装与灵活置换提供了可能性。通过户型单元之间的多样组合，实现产品单元的标准化和功能空间的多样化，面向新市民、新青年，构建灵活可变、空间丰富的邻里社区。

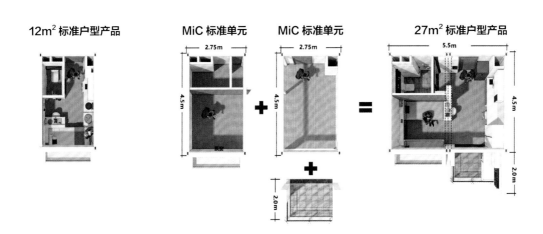

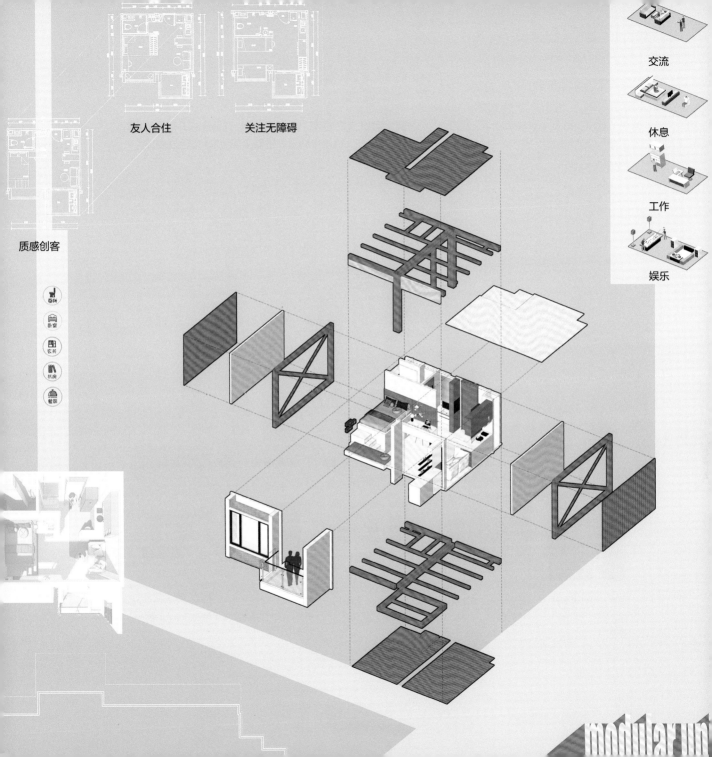

友人合住　　　关注无障碍

质感创客

交流

休息

工作

娱乐

CIM+BIM 数字化技术应用

基于 CIM+BIM 数字化技术应用：利用数字化技术，通过信息分类，针对不同群体住房需求开展保障房建设，利用 BIM 数字化管控平台，采用标准化设计、工业化生产、机械化施工，进而实现快速化高品质建造。

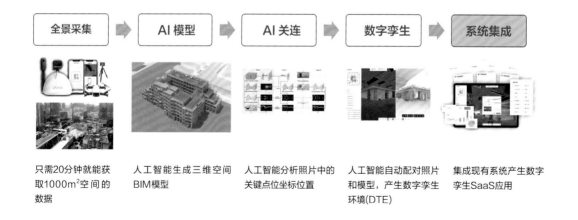

| 全景采集 | AI 模型 | AI 关连 | 数字孪生 | 系统集成 |

只需20分钟就能获取1000m²空间的数据

人工智能生成三维空间BIM模型

人工智能分析照片中的关键点位坐标位置

人工智能自动配对照片和模型，产生数字孪生环境(DTE)

集成现有系统产生数字孪生SaaS应用

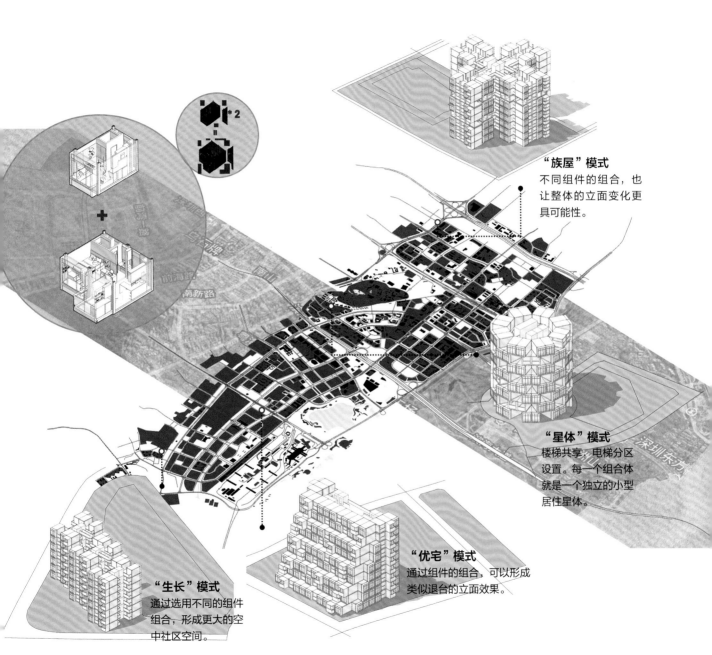

"族屋"模式
不同组件的组合，也让整体的立面变化更具可能性。

"星体"模式
楼梯共享，电梯分区设置。每一个组合体就是一个独立的小型居住星体。

"优宅"模式
通过组件的组合，可以形成类似退台的立面效果。

"生长"模式
通过选用不同的组件组合，形成更大的空中社区空间。

设计方案

12m² 户型 标准单元

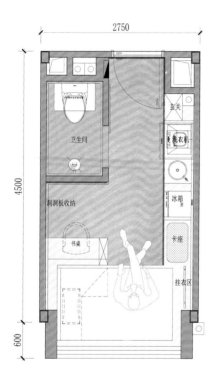

2750

4500

600

玄关

卫生间

洗衣机

洞洞板收纳

冰箱

书桌

卡座

挂衣区

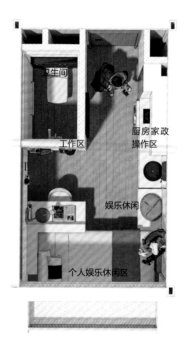

卫生间

工作区

厨房家政操作区

娱乐休闲

个人娱乐休闲区

套内建筑面积：12m²

户型以2.75m×4.50m为标准单元，形成满足五大功能区的标准产品类型。

12m²产品满足卧寝、娱乐、收纳、卫浴、简厨、家政全套功能

27m² 户型　多样组合产品单元

将基础需求形成标准化产品输出，将个性需求打造为标准可变系数，满足不同类型住户的需求。

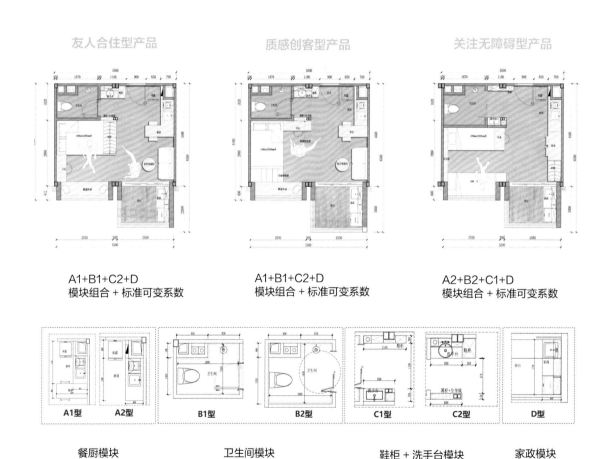

友人合住型产品

质感创客型产品

关注无障碍型产品

A1+B1+C2+D
模块组合 + 标准可变系数

A1+B1+C2+D
模块组合 + 标准可变系数

A2+B2+C1+D
模块组合 + 标准可变系数

A1型　A2型

B1型　B2型

C1型　C2型

D型

餐厨模块

卫生间模块

鞋柜 + 洗手台模块

家政模块

产品建造思路　MiC 模块化组合建造

$12m^2$ 户型作为基本空间单元，采用 MiC 模块化集成组合产品，建筑围合结构、装饰装修、机电管线均集成在单元产品之内，通过工业化的生产来提供高品质的成熟产品。$27m^2$ 单元由两个 $12m^2$ 空间单元组合而成，实现了模块单元的标准化和统一化。

$12m^2$ 产品模块

$27m^2$ 产品模块

MiC 模块化　产品单元

户型产品单元采用 MiC 模块化组合建造技术，每个单元采用工厂化生产，在工厂内高效完成模块的结构、装修、水电、设备管线、卫浴设施等所有工序，实现了户型产品的快速建造，确保了成品的品质。

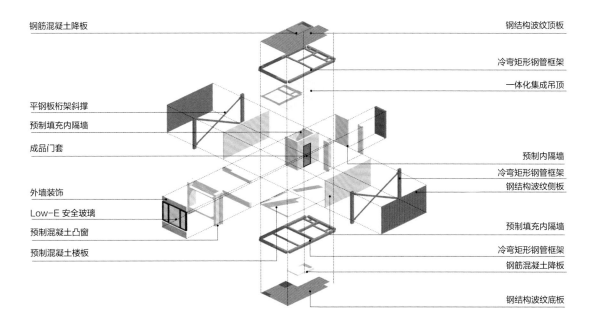

钢筋混凝土降板

钢结构波纹顶板

冷弯矩形钢管框架

一体化集成吊顶

平钢板桁架斜撑

预制填充内隔墙

成品门套

预制内隔墙

冷弯矩形钢管框架

钢结构波纹侧板

外墙装饰

Low-E 安全玻璃

预制混凝土凸窗

预制混凝土楼板

预制填充内隔墙

冷弯矩形钢管框架

钢筋混凝土降板

钢结构波纹底板

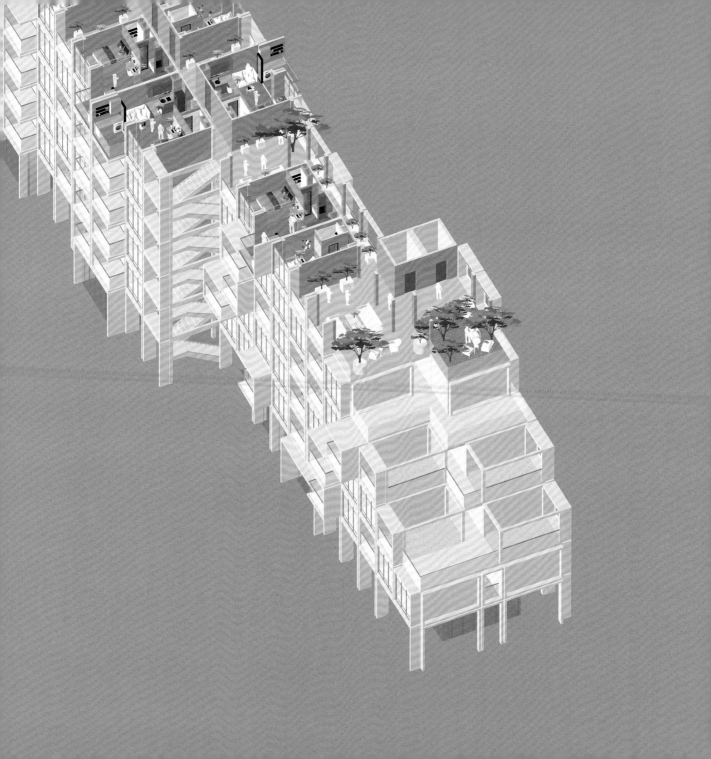

产品单元　装配式建造

不同类型的产品单元皆采用工厂预制、现场装配的建造方式，大大提高了建造的工业化程度，实现了项目产品的快速建造、低碳环保。

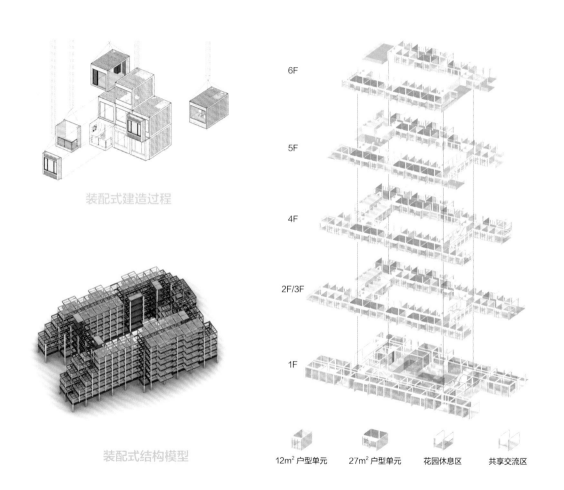

装配式建造过程

装配式结构模型

6F

5F

4F

2F/3F

1F

12m² 户型单元　　　27m² 户型单元　　　花园休息区　　　共享交流区

多元社区　特色空间

在与标准层同样的模数结构框架下，在架空层、空中花园等区域设置功能丰富、空间灵活的社区配套，如商业、餐饮、医疗、服务等，满足年轻人生活所需。同时设置多元的开放场所，满足青年人的社交需求，提供轻松愉悦的社区环境。

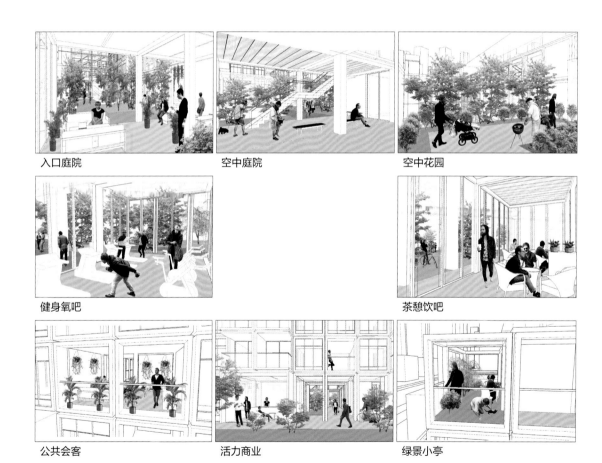

入口庭院

空中庭院

空中花园

健身氧吧

茶憩饮吧

公共会客

活力商业

绿景小亭

场地位于办公园区角落地带，巧妙利用可活化城市边缘价值。场地周边商务圈发达，且半径 1km 内拥有多个交通节点，满足青年人群通勤要求，以城市聚落的形式为新市民提供可居可游的多元活力社区。

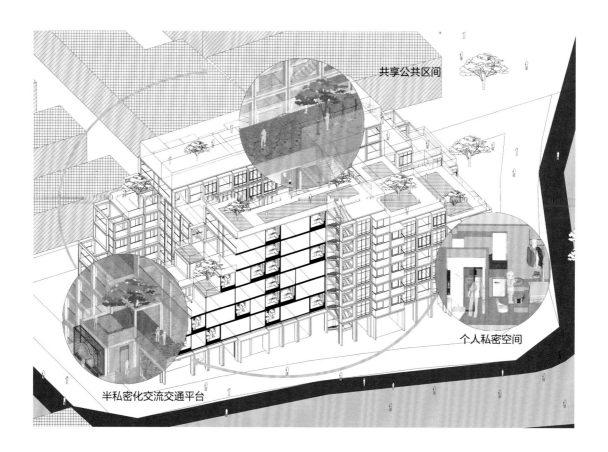

共享公共区间

个人私密空间

半私密化交流交通平台

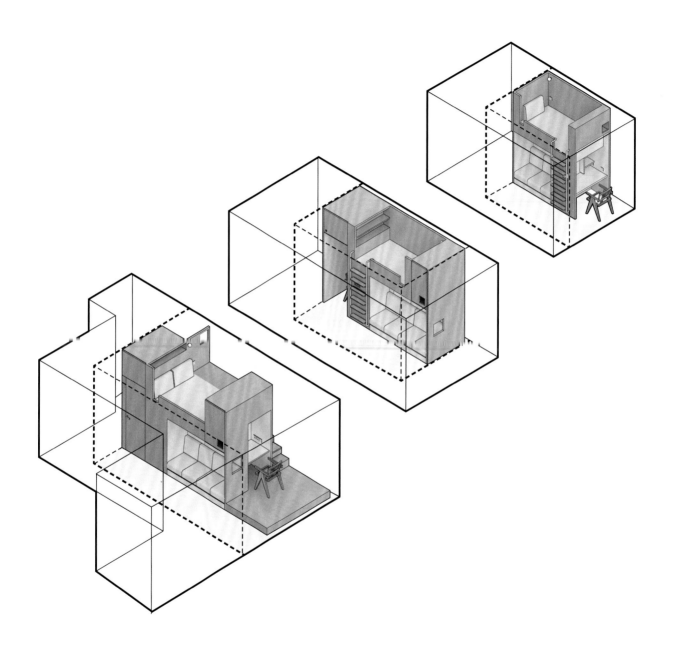

Compact Makes More: from Spatial Order to the Right to Lead a Lifestyle

井然见大

构建空间序列，释放灵活空间，塑造生活的秩序感

二等奖　The Second Prizes

设计团队

JMStudio

主创建筑师：姜轻舟　莫思飞

设计理念

　　从边陲小镇到一线城市，每年有大量青年人从全国乃至世界各地涌入深圳，推动城市高速发展，但同时也催生了一系列城市问题。2020年，深圳经济特区成立40周年之际，深圳人的平均年龄为32.5岁，常住人口总量达1756万，其中非户籍人口占总人口近70%，房屋自有率仅占11%。

　　如何为城市发展的主力军提供住房保障是全球特大城市共同面临的挑战。在深圳，租金低廉、生活便利的城中村，一直以来都是剧烈城市化现场的一道非正式的住房保障防线：容纳了深圳将近60%的人口，承载了无数外来务工者的"深圳梦"。

　　与此同时，政府对保障性租赁住房模式与制度的探索不断向前推进：1998年推行廉租房、经济适用房；2006年提出公共租赁住房；2016年，在《关于完善人才住房制度的若干措施》中首次提到支持城中村住房改造为租赁型人才住房。在深圳城市建设用地紧缺和政府出台相关政策予以支持的情况下，将作为存量用地的城中村居住条件优化与住房保障体系相结合的模式，成为有可能解决城市问题的出路。

居者有其屋

正是在这一背景下，我们基于多年的城中村研究和实践经验，选取以更迭流转、生生不息的城中村为场景的竞赛命题，以梳理不同的新市民、青年人居住需求调研为基础，以建筑/室内设计结合家具设计提高空间使用效率和居住质量为手段，考虑不同类型人群多元的居住需求，通过微更新的方式建立落地性与普适性兼具的城中村与住房保障系统结合的样本。

"居者有其屋"不应仅是人人有房可居，更需要适应和满足居者不断变化中的生活和精神需求，从而塑造家的归属感。"体面居住、归属感、社会属性、实现自我"这些在青年人居住需求调研中反复出现的抽象需求，实际是以日常活动为载体来实现的：从能提升自我的阅读、工作、健身，能带来归属感的烹饪与影音娱乐，到保持小户型体面生活的有效收纳，都是青年人对重塑日常生活秩序的需求。在充分认识用户群体的需求后，我们把居住空间分为满足基础生活的核心空间（如厨卫、卧室、收纳等）和留白（以满足复合精神需求，如归属感、尊重的需求和自我实现的成长空间），二者一实一虚，彼此交错，相辅相成。

核心空间序列和重塑生活秩序感

小户型设计要满足复合的需求，核心功能必须压缩到最致密的状态来为成长空间留白。厨卫作为核心硬件，利用过道空间紧凑地置于入口处，结合兼具床、沙发、书桌及收纳功能为一体的集约"大家具"，共同构成核心空间序列。根据设计团队以往改造城中村住房的实践经验，"一套图改百栋楼"的方式在复杂多变的城中村建筑改造中并不现实；以"大家具"为主体的核心空间则可以不限于现有户型，灵活适应不同面积段的户型也可以进行延展和变化。最小户型的"大家具"仅占4m²，最大户型仅占9m²，只要维持其核心的建造逻辑不变，"大家具"对场地、设计、建造条件及经济成本要求低，既可现场制作，也可在普及后定制预制组件现场安装，在城中村改造的落地实施层面具有普适性，同时也兼容增量用地的建设标准。

上下交叠，极致集约意味着每一处细节都分毫必争，我们通过不断对细节进行推敲和实验，以求在高效利用空间的同时，兼顾人使用尺度的舒适性及便利性。在"大家具"的收纳空间外，各户型根据空间特性补充了适合各种大小尺寸物品的收纳空间。在空间使用效率达到极致的同时，又通过空间和利用不同的自然光照条件清晰地划分了厅、卧和书房区域，从构建空间序列变为重塑生活秩序感，如此一来，避免了客人来访时一览无余的尴尬；而在二人合居的场景下（27m²户型），尤其是在线上灵活办公日渐成为趋势的时候，更是能保有各自不被打扰的小天地。

日常生活和梦想交错展演

核心空间的高效利用有效地释放出"成长空间"，使得房子不仅可以容纳人，更能让日常生活和梦想交错展演。通过各类型家具变形金刚式的动态组合，作为小户型空间释放的解决方案，在实践中往往会带来使用不便、使用不当和容易损毁导致后期维护成本过高的问题。我们选择以简单和最少量折叠变形的方式释放空间：可移动收纳餐桌椅以及抽屉式沙发底座。轻量简单地变形后的灵活空间可以衍生出多样化的使用场景，实现邀请密友就餐的仪式感、"亲友留宿的自由"和拓展兴趣爱好发挥创造力等；这些回应居者精神需求的日常场景，是从"出租屋"变成"家"的重要催化剂。

我们在考虑每个独立户型的同时，对青年人居住的社会属性尤为重视。参考现有人才公寓的租金以及可负担住房的平均租金标准，3种功能齐全的户型可让年薪4万~13万的青年人实现"整租自由"。鼓励"空巢青年"独居会在某种程度上削弱居者与外界建立联系的动力和社交属性；在长租公寓中设置的公共区域虽为社群活动提供了硬件，但若邻里间的关系未能建立，公共区域也只是空置的场地。因此，要从场地变成场所，我们借鉴了城中村和筒子楼日常生活功能外溢的经验，将洗衣晾晒的功能和贩卖机置入每层的公共区域中，通过日常生活的交集促使居者建立联系，为进一步提升邻里社群归属感创造了可能性。

以"井然见大"为名，让新市民、青年人能在有限的居住空间中满足生活所需的同时，拥有选择生活方式的权利。"井然"指的是通过整合多种功能模块，构建复合、集约、高效的核心空间序列，从而释放灵活空间。以研究为导向的设计，同时满足使用的舒适性和便利性，让居者在"极小"至12m²的私密空间中，都能拥有对居住、社交、文化、健康等不同维度生活方式的选择，因而"见大"。

作品特色

兼具高效的空间利用与舒适性及便利性

各维度的可行性与可实施性强

满足不同人群各阶段需求具有普适性及包容性

功能区域划分清晰、可衍生多样化使用场景

生活功能向公共区域外溢、增强居住的社交属性

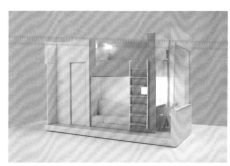 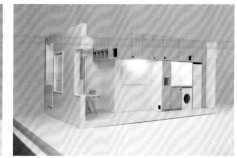

 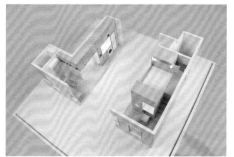

兼具高效的空间利用与舒适性及便利性

最小核心空间压缩至 $4m^2$，同时兼具衣橱、收纳、沙发、书桌以及床的功能，使得空间效率提高的同时，建造方式简单化，从而大大减少施工成本。

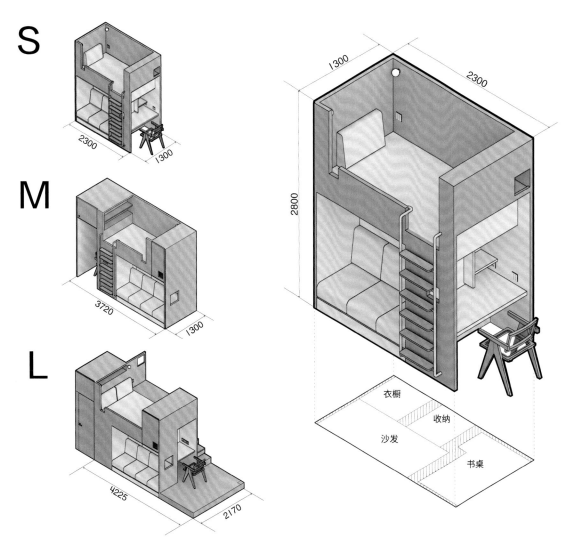

集约的设计在"分毫必争"的同时，在设计细节上考虑日常使用的尺度，不因集约而牺牲空间使用的舒适性和便利性。在空间使用效率达到极致的同时，又通过空间和利用不同的自然光照条件清晰地划分了厅、卧和书房区域，从构建空间序列变成重塑生活秩序感，如此一来，避免了客人来访时一览无余的尴尬。

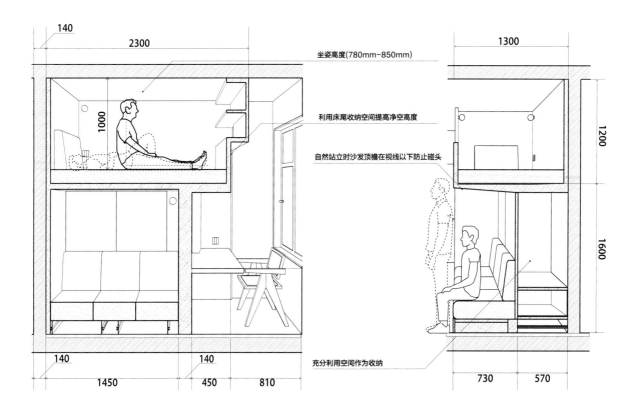

通过各类型家具变形金刚式的动态组合，作为小户型空间释放的解决方案，在实践中往往会带来使用不便、使用不当和容易损毁导致后期维护成本过高的问题。我们选择以简单和最少量折叠变形的方式释放空间。

STEP 1

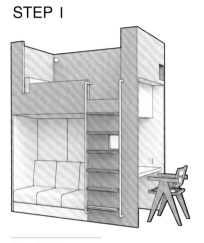

① 日常起居

STEP 2

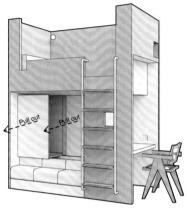

② 放下沙发背垫抽拉衣橱

STEP 3

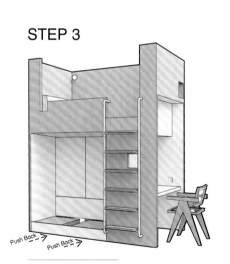

③可收纳沙发底座

STEP 4

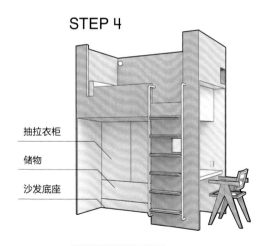

抽拉衣柜

储物

沙发底座

④ 形成更开阔空间

虽然调研中大部分青年人都有"断舍离"的意识，但网络宣传图像中"一张床一堵白墙"的理想而简约的家与现实有着一定的距离。据《95后生活空间理念洞察报告》显示，约40%的青年人选择候鸟式搬迁，即把非当季物品寄回家乡以释放日常居住空间。我们在设计中尽可能地考虑不同物品的收纳需求，提高空间利用率，为居者提供有效的收纳系统。

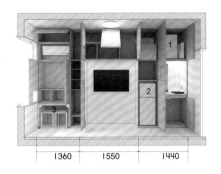

1. 可收纳沙发坐垫收纳
2. 小冰箱（根据调研，大部分居住者希望冰箱不共享）
3. 桌椅收纳

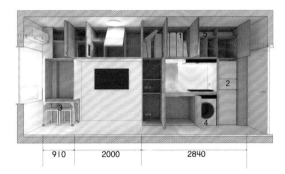

1. 可收纳沙发坐垫收纳
2. 冰箱
3. 桌椅收纳
4. 洗衣机
5. 排烟
6. 衣帽间

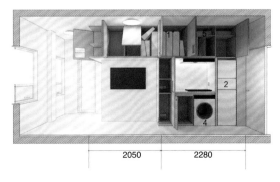

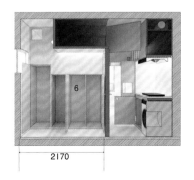

各维度的可行性与可实施性强

设计的可实施性及普适性体现在两个方面：4 ~ 9m^2 的核心"大家具"可不限于现有户型，灵活地适应不同面积段的户型，也可根据需求在维持核心逻辑不变的情况下延展，对改造场地现状条件要求低，也可适应新建的住房；由于其建造方式简单，经济成本低，具有极高的可复制性。

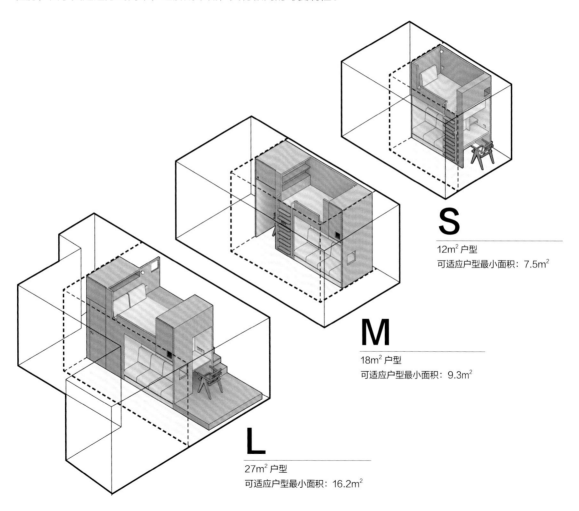

S

12m^2 户型

可适应户型最小面积：7.5m^2

M

18m^2 户型

可适应户型最小面积：9.3m^2

L

27m^2 户型

可适应户型最小面积：16.2m^2

满足不同人群各阶段需求具有普适性及包容性

核心空间的高效利用有效地释放出"成长空间"，使得房子不仅能容纳人，更能让日常生活和梦想交错展演。

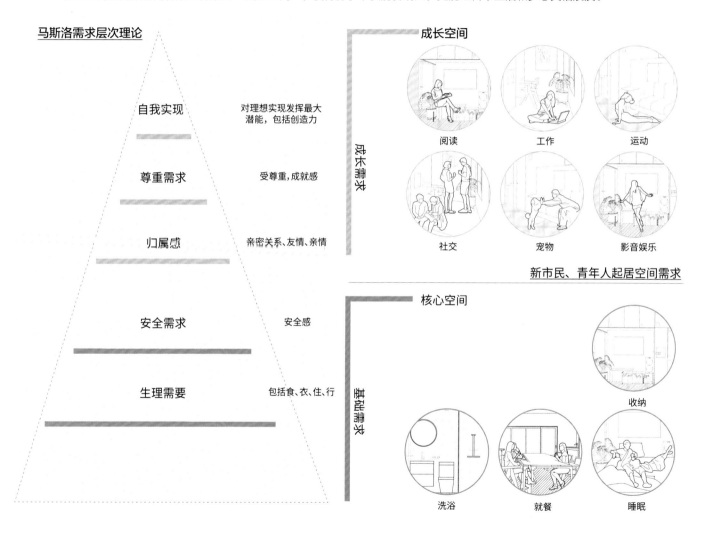

马斯洛需求层次理论

自我实现　对理想实现发挥最大潜能，包括创造力

尊重需求　受尊重，成就感

归属感　亲密关系、友情、亲情

安全需求　安全感

生理需要　包括食、衣、住、行

成长空间

成长需求

阅读　工作　运动

社交　宠物　影音娱乐

新市民、青年人起居空间需求

核心空间

基础需求

收纳

洗浴　就餐　睡眠

为成长空间留白

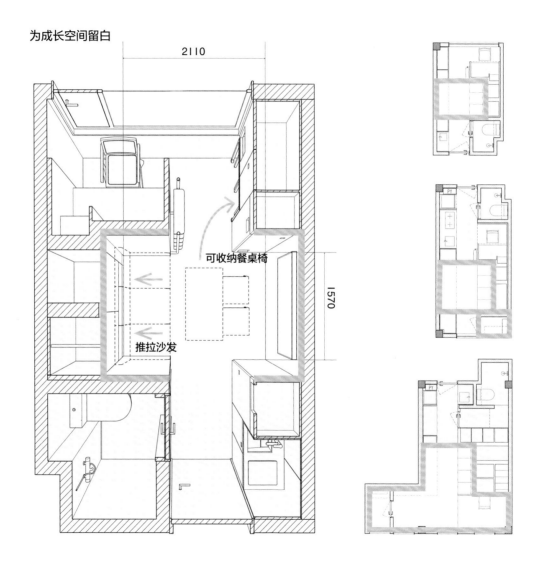

2110

1570

可收纳餐桌椅

推拉沙发

新市民、青年人：夹心阶层居住形式典型样本

可负担性	12m²一人居住	18m²一人居住	18m²两人居住	27m²一人居住	27m²两人居住
人均居住面积	12m²	18m²	9m²	27m²	13.5m²
租金+管理费（每月）	¥ 942	¥ 1,413	¥ 707	¥ 2,120	¥ 1,072
可负担月薪(租金占比20%)	¥ 4,710	¥ 7,065	¥ 3,533	¥ 10,598	¥ 5,360
可负担年薪	¥ 56,520	¥ 84,780	¥ 42,390	¥ 127,170	¥ 62,320

注1：租金参照2022水围柠盟人才公寓¥75/m²·月，以及管理费¥3.5/m²·月
注2：两人合租18m²，人均居住面积低于深圳公共租赁住房人均面积，建议作为过渡期模式而非长期合租

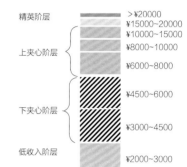

初级白领

刚毕业处于试用期，月薪相当于深圳初入就业平均工资4600元，年薪约55000元。

筑巢青年

工作一段时间，月薪接近或相当于深圳平均工资11000元，年薪约139000元。

亲密好友

刚毕业好友，决定在过渡期合租。月薪低于深圳初次就业平均工资，约4000元，年薪约45000元。

二人世界

年轻新婚夫妇/情侣合租的小家庭。每人月薪约为5500元，合计家庭年收入为132000元。

精英阶层 >¥20000
¥15000~20000
¥10000~15000
上夹心阶层 ¥8000~10000
¥6000~8000
下夹心阶层 ¥4500~6000
¥3000~4500
低收入阶层 ¥2000~3000
低保人群 <¥2000

超过80%的居住者认为客厅重要

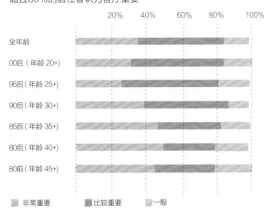

全年龄
00后（年龄20+）
95后（年龄25+）
90后（年龄30+）
85后（年龄35+）
80后（年龄40+）
80前（年龄45+）

■ 非常重要　■ 比较重要　■ 一般

数据来源：DT财经《2021理想客厅报告：年轻人心中的理想客厅什么样？》

客厅的功能不仅是会客，更多是起居

休闲放松
社交聚会
娱乐玩耍
运动健身
学习工作

66%的居住者希望客厅比卧室大

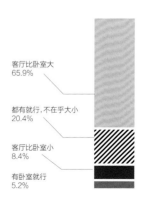

客厅比卧室大
65.9%

都有就行，不在乎大小
20.4%

客厅比卧室小
8.4%

有卧室就行
5.2%

功能区域划分清晰，可衍生多样化使用场景

功能区域得以清晰地划分为客、卧、厨卫、工作阅读区。我们认为这样的划分在小户型设计中尤为关键。忙碌紧张地工作是都市青年人的常态，而清晰的功能分区允许青年人在家有"偷懒"的权利：可以有不整理的床铺、杂乱的书桌、凌乱的衣橱，同时又不影响亲友造访时使用的整洁的客厅。我们不需要因居住空间小而过千篇一律的"断舍离"生活，允许一点儿"脏乱差"，让房子成为能放松的各式各样的家。

  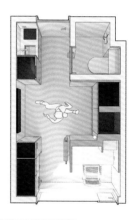

日常起居使用

日常分为两个空间：自然光直达的空间和漫射光空间，适应不同使用需求。

就餐的仪式感

抽拉出可收纳的餐桌椅，使就餐更有仪式感。虽然只有12m²的空间，但也可以邀请密友聚餐。

空间拓展的可能性

沙发基座设计为可轻松抽拉的形式，便于收纳。当需要更多空间进行活动时，该空间能在一定程度上提供空间拓展的可能性。

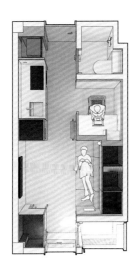

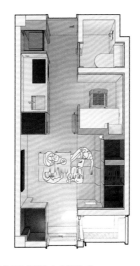

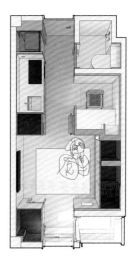

实现"亲友留宿自由"

在大城市拼搏时，亲友探访往往因为空间太小而无法留宿。两米长的沙发以及清晰的空间分隔，不仅使留宿变得可能，还能在短暂的过渡期为彼此提供一定的隐私。

好友聚餐带来归属感

"来我家吃饭"这句稀松平常的话对于在大城市独自奋斗的青年来说成了奢侈的事。起居空间能提供三两好友聚餐的空间，能极大地提升居住者对"家"的感觉和其在城市中的归属感。

创造力不受限

收纳沙发后拓展而成的空间可满足青年人不同的兴趣爱好，如娱乐、舞蹈、健身、瑜伽、作画等。拥有客厅自由，经营客厅生活，使人生故事的发生有了场所和可能性。

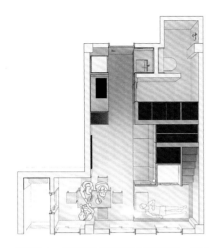

社交达人：榻榻米可用作第二个睡眠空间，允许合租平摊租金的压力，或者可以作为亲友探访时的过渡性居住空间。

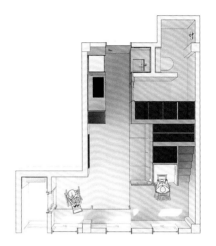

数字游民：在远程办公成为一种趋势时，可提供两人在家办公互不打扰的空间。

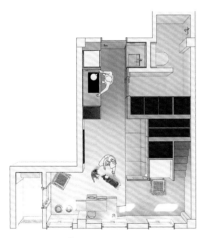

宠物之家：宠物成为很多在大城市拼搏的年轻人的陪伴。

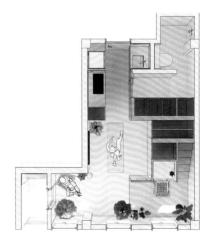

养生青年：健康成为当代年轻人关注的重点。养植物、阅读、健身等成为年轻人提升身心健康的活动。

生活功能向公共区域外溢，增强居住的社交属性

要从场地变成场所，我们借鉴城中村和筒子楼日常生活功能外溢的经验，将洗衣晾晒的功能和贩卖机置入每层的公共区域中，通过日常生活的交集促使居者建立联系，为进一步提升邻里社群归属感创造了可能性。

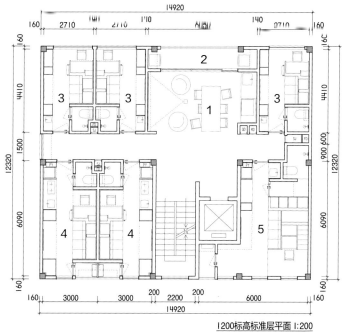

1200标高标准层平面 1:200

1. 公共区域
2. 共享晾晒
3. 12m² 小居室
4. 18m² 小居室
5. 27m² 小居室

S

12m² 户型

套内建筑面积：12.6m²

建议居住人数：1人

简厨：2.2m²

独立卫浴：1.7m²（不含与简厨共用洗漱区域）

起居室：8.8m²

收纳容量：4.6m³

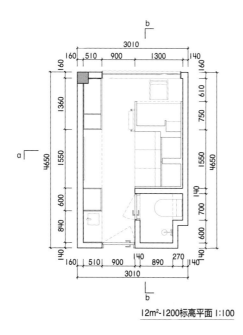

12m²-1200标高平面 1:100

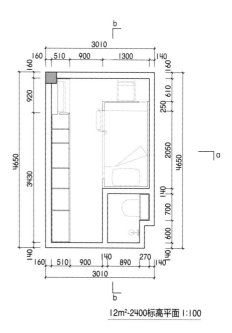

12m²-2400标高平面 1:100

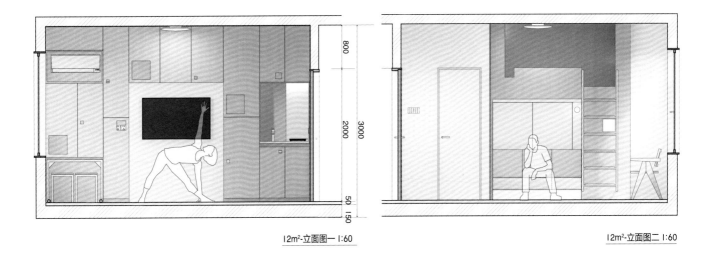

12m²-立面图一 1:60

12m²-立面图二 1:60

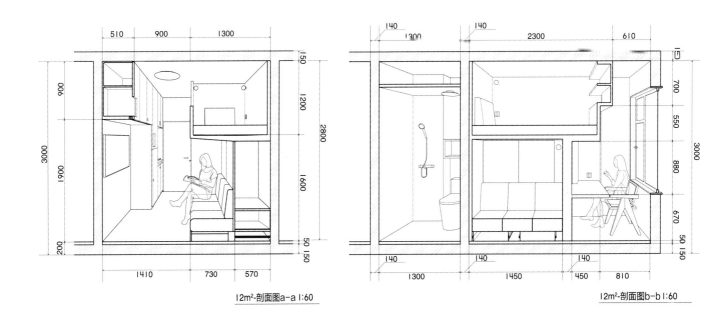

12m²-剖面图a-a 1:60

12m²-剖面图b-b 1:60

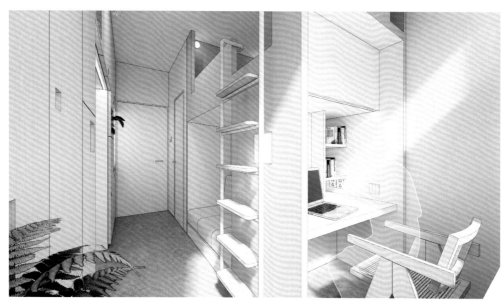

M

18m² 户型

套内建筑面积：18.4m²

建议居住人数：1人

简厨：4.5m²

独立卫浴：1.7m²（不含与简厨共用洗漱区域）

起居室：11.7m²

收纳容量：9.5m³

阳台：1.0m²

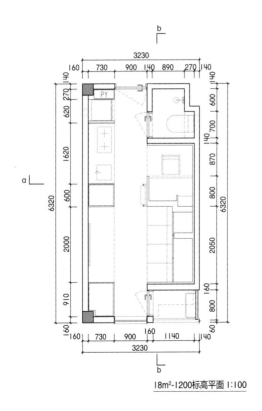

18m²-1200标高平面 1:100

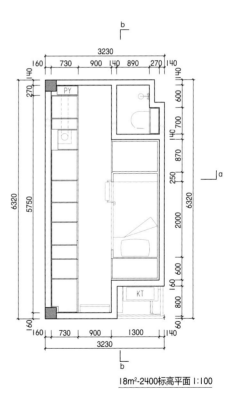

18m²-2400标高平面 1:100

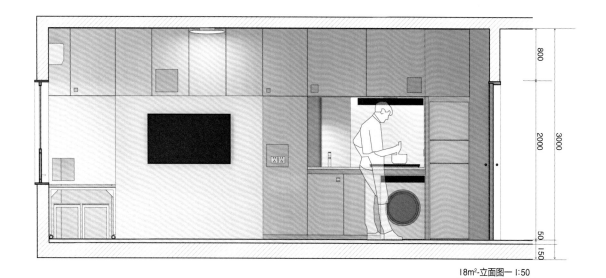

18m²-立面图一 1:50

18m²-立面图二 1:50

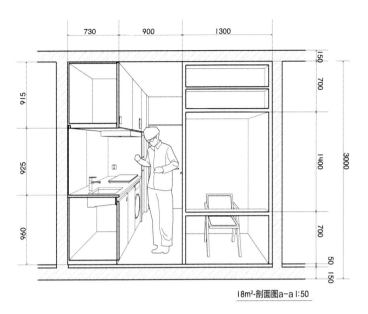

730　　900　　1300

915

925

960

150

700

1400

700

3000

50
150

18m²-剖面图a-a 1:50

1300　140　270　2000　600　140　700　160

850

550

1550

3000

50
150

1300　140　1670　2050　140　860

18m²-剖面图b-b 1:50

L

27m² 户型

套内建筑面积：28.3m²

建议居住人数：1人/2人

简厨：4.4m²

独立卫浴：6.3m²（包含3.6m²独立衣帽间）

起居室：16.8m²

收纳容量：10.4m³

阳台：1.8m²

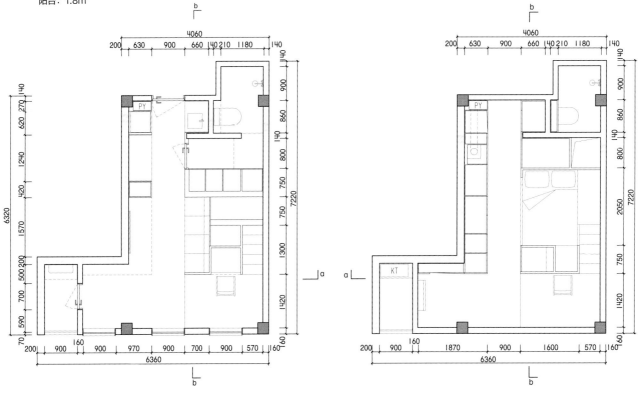

27m²-1200标高平面 1:100

27m²-2400标高平面 1:100

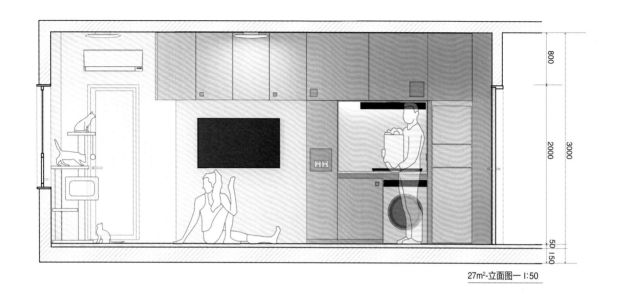

800

3000

2000

50
150

27m²-立面图一 1:50

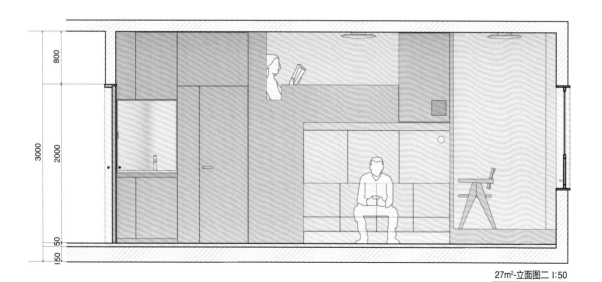

800

3000

2000

50

150

27m²-立面图二 1:50

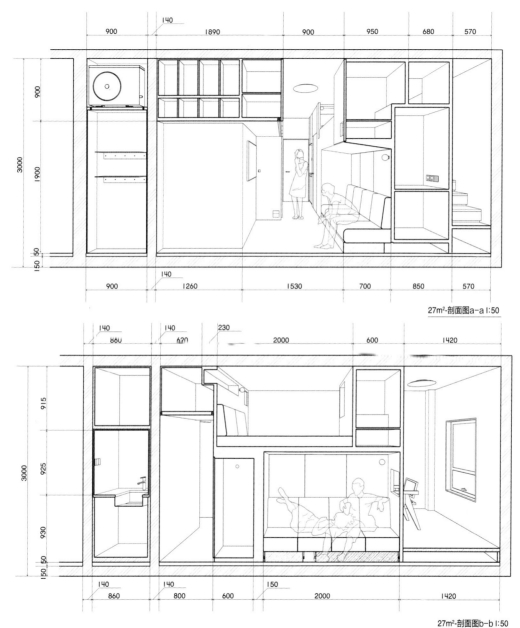

27m²-剖面图a-a 1:50

27m²-剖面图b-b 1:50

Neighbourhood Life — Urban Village Space Transformation

比邻而居

突破墙体边界的城中村住房改造途径

三等奖　The Third Prizes

设计团队

潘晖建筑设计工作室

设计师：潘　晖　周徐意　肖　威　朱炳宇　赵霏雨

设计理念

如果说深圳奇迹是由2000多万深圳奋斗者创造出来的，那么城中村就是深圳崛起的"根"。

作为城市发展中"遗留"的低成本人居聚集地，城中村保留了一个城市最原始的人文生态：朴实无华的市井气息，缠缠绵绵的烟火气，汇聚成城中村最迷人之处，也留下了一代代深圳人奋斗的回忆。对于大多数人来说，深圳城中村是一处落脚地，是衔接现代城市生活的踏板。然而，在城中村包罗万象的背后，是其长久以来相较于深圳城市现代发展而言落后封闭、一成不变的旧时样貌。如今，原样维持城中村的经济、社会状态，仅仅提升环境，已经无法形成城中村的良性循环。如何为承载"城市记忆"的城中村赋予新生，俨然已成为深圳城市更新中必然面对的问题，它是关乎城中村未来向何处去的"十字路口"，同时关乎深圳这个城市文化的积累和创造，这是一个自发而生长的过程，对于构筑深圳独有的城市文化特色至关重要。

灵活的空间

本设计是在龙华某旧城区需改造住房的基础上进行的深化设计。我们试图在原来城中村的历史遗存的基础上，发展出符合新时代、新精神的适合年轻人的日常生活和社交的环境，增强城中村对于年轻人的吸引力，同时将深圳这座年轻都市的活力渗透到一度被人遗忘的城中村。

采光是居住的首要条件。我们在采光较好的东、南两面保证足够且合理的户型数量，并且在保证公共空间品质的基础之上，对各面积段进行了较为均衡的分配。通过比较不同的公共区域布局与采光通风条件，包括弯折型、直线型与核心型等不同布局方式之后，我们最终选择了集中型的平面布局，这样可以使公共空间较为完整灵活并且有充足的采光与通风条件。

在户型套内设计方面，我们将服务功能围绕起居空间布置，保证起居空间仍然是一个完整集中的大空间，使用起来更加灵活实用。我们将服务功能进行了模块化设计，将卫生间、厨房、玄关、卧室等功能区域设计成基本模块，这样不同的户型都可以使用相同的预制模块进行拼装，经济灵活。各模块都进行了集约化和多功能化的处理，尽量保证在有限的空间范围内有多种使用方式的可能。

交错的户型

$18m^2$和$12m^2$的相互交错户型是本设计的关键户型。我们的概念是在保证两个户型的起居室空间保持集中完整的前提下，将两种不同户型的卧室和卫生间部分相互交错叠合，这样最大的好处在于能将面积的利用率最大化，有效利用剩余的层高。例如相邻两户的卧室在垂直方向上交错，结合储藏功能。利用一张床的面积设置了两张床的功能，有效地利用了层高。卫生间部分同样相互交错，功能更加集约整合，墙面入口占用尺寸更小，适合极小户型。由于我们在设计中将起居室尽量保持完整，所以室内的家具摆放方式也是更加灵活多变，可以根据自己的需要选择家具搭配；同时设计师专门为此类小户型设计了定制家具，供租户选择。

　　总体而言，我们的设计是一种具有普遍意义的小户型的尝试，无论基于怎样的平面和现有空间，都可以将交错融合的概念置入，从而节约面积；利用空间高度，将家具多功能化，从而在非常有限的面积中创造出舒适宜人的生活。

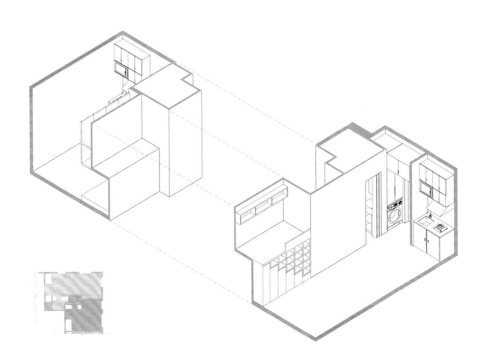

关注公共区域布局与采光、通风条件

多种公共区域布局方式相比较，最终选择集中型布局方式。

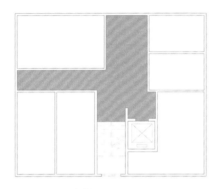

弯折型　交通空间占据了较多的公共空间

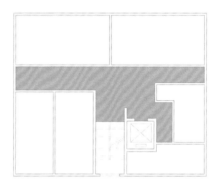

直线型　缺乏可供利用停留的公共空间

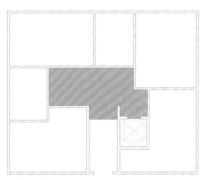

核心型　面积过小，而且缺少直接通风和采光

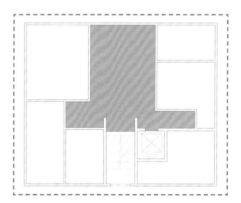

集中型　公共空间较为完整，灵活性高，而且有充足的采光与通风条件

各面积段户型均衡分配

在保证公共品质和采光朝向的需求之上，对各面积段进行了较为均衡的分配。

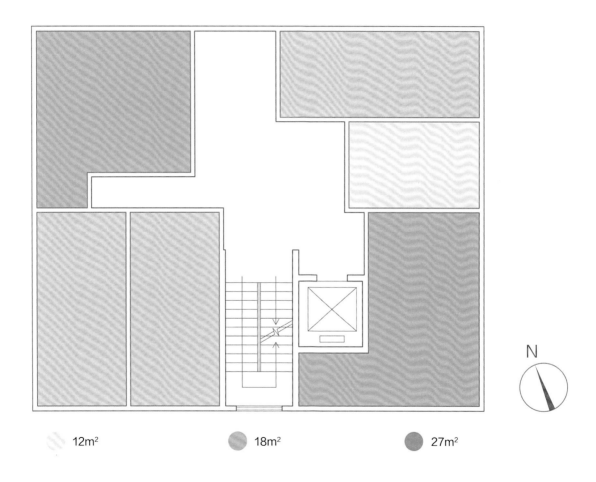

12m²   18m²   27m²

户型之间相互错动咬合，高效利用空间

服务功能围绕起居空间布置，保证起居空间始终是一个完整集中的大空间，更为灵活实用。

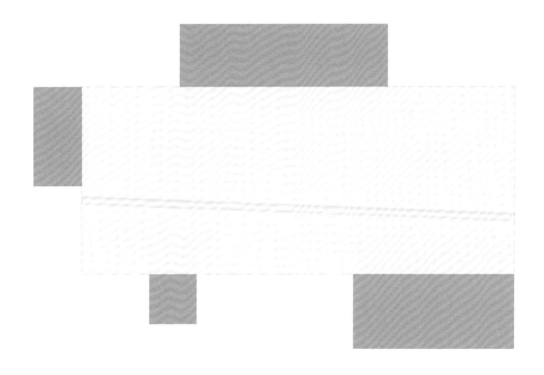

 起居空间

 服务空间

标准层平面 1:50

户型A面积：17.62m²   户型A3面积：17.74m²

户型B面积：11.47m²   户型C2面积：27.74m²

户型C面积：28.29m²   公共空间面积：38.74m²

户型A2面积：18.17m²   楼梯和电梯间面积：17.48m²

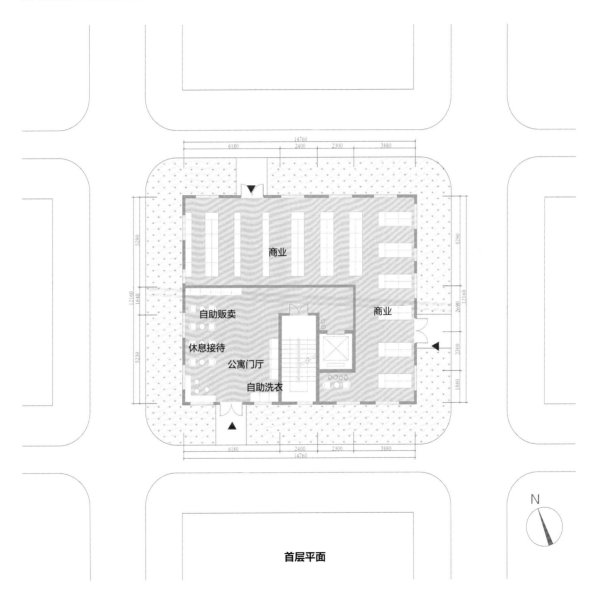

首层平面

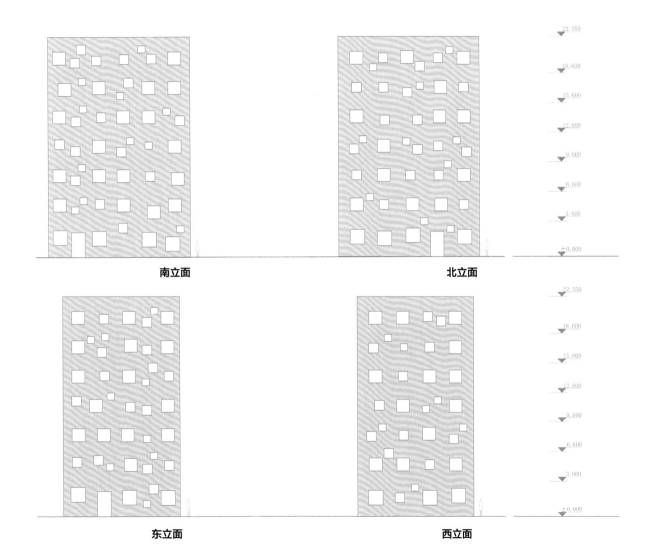

南立面

北立面

东立面

西立面

套内功能组团模块化处理，方便安装，使用灵活

我们将卫生间、厨房、玄关、卧室等功能区域设计成基本模块，这样不同的户型都可以使用相同的预制模块进行拼装，经济灵活。

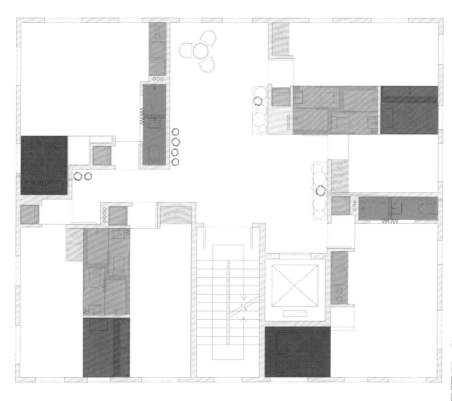

模块布置图

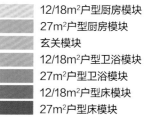

12/18m²户型厨房模块
27m²户型厨房模块
玄关模块
12/18m²户型卫浴模块
27m²户型卫浴模块
12/18m²户型床模块
27m²户型床模块

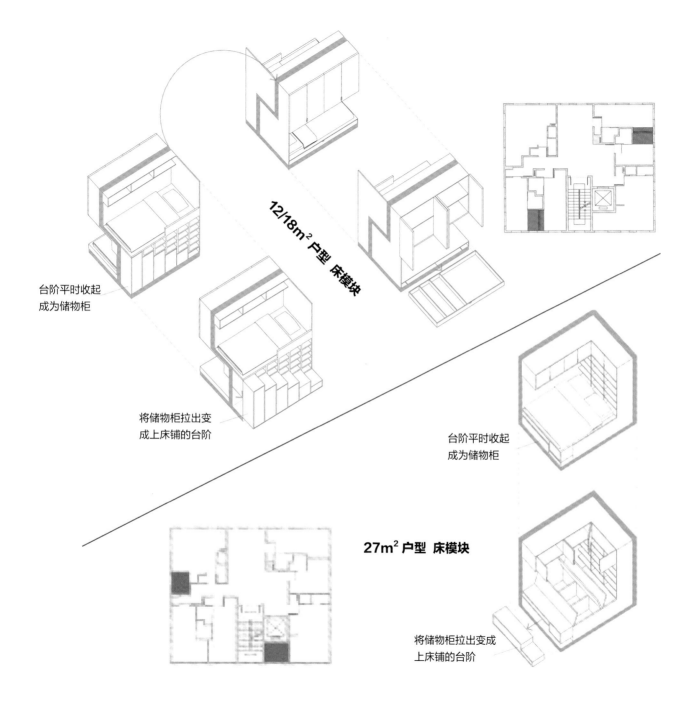

台阶平时收起
成为储物柜

将储物柜拉出变
成上床铺的台阶

12/18m² 户型 床模块

27m² 户型 床模块

台阶平时收起
成为储物柜

将储物柜拉出变成
上床铺的台阶

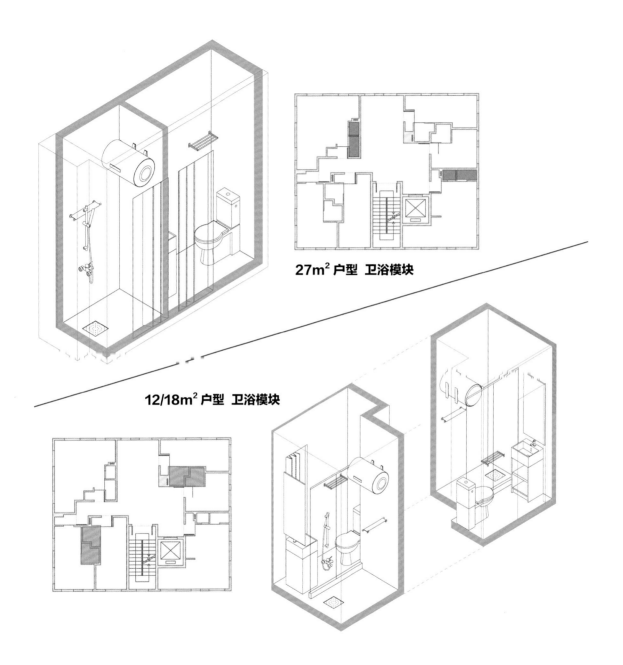

27m² 户型 卫浴模块

12/18m² 户型 卫浴模块

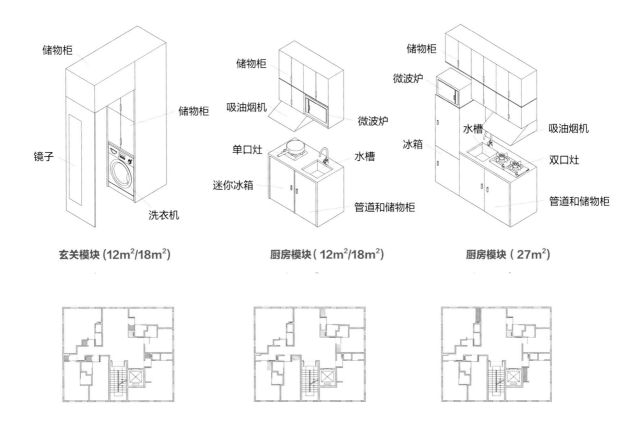

储物柜

储物柜

镜子

储物柜

洗衣机

玄关模块 (12m²/18m²)

储物柜

吸油烟机

微波炉

单口灶

水槽

迷你冰箱

管道和储物柜

厨房模块（12m²/18m²）

储物柜

微波炉

冰箱

水槽

吸油烟机

双口灶

管道和储物柜

厨房模块（27m²）

设计方案

18m²A 与 12m²B 户型深化　户型平面 1:33

18m²A 与 12m²B 户型深化　户型床铺设计概念

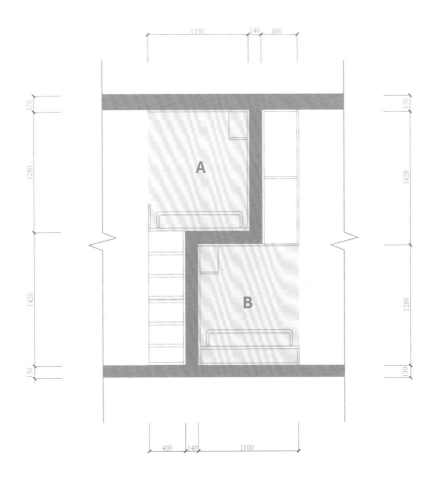

相邻两户的卧室在垂直的方向上交错，结合储藏功能。利用一张床的面积设置了两张床，有效地利用了层高。

18m²A 与 12m²B 户型深化　户型卫生间设计概念

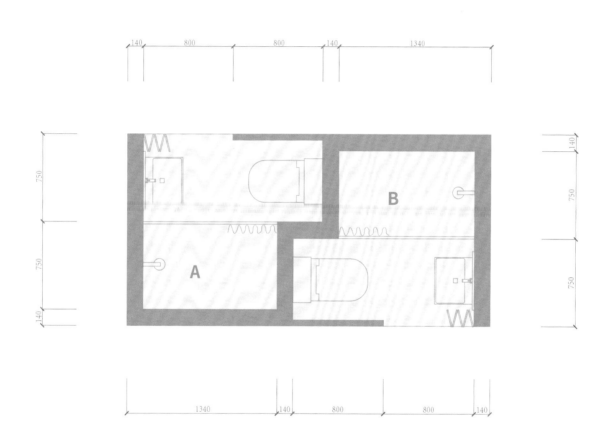

功能更加集约整合，墙面入口占用尺寸更小，适合极小户型。

18m²A 与 12m²B 户型深化　户型剖面

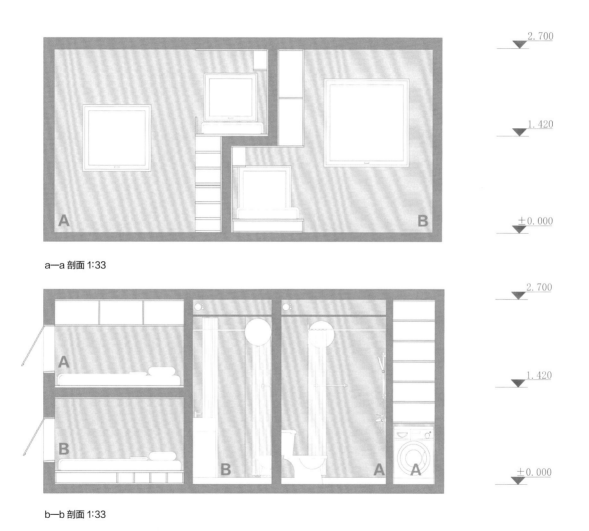

a—a 剖面 1:33

b—b 剖面 1:33

18m²A 与 12m²B 户型深化 　户型水电点位图

冷水
热水
开关
插座
开关插座
有线电视接口
网线
浴霸

18m²A　户型室内效果

| 770 | 1720 | 1300 | 2150 |

2220

1170

470

套内面积：17.62 m²　　储藏空间：3m³

18m²A   户型室内效果

1. 可移动台阶衣柜收起状态
2. 固定储物格
3. 睡眠空间
4. 可开启窗扇
5. 遮阳窗帘

1. 可移动台阶衣柜伸出状态
2. 固定储物格
3. 睡眠空间
4. 可开启窗扇
5. 遮阳窗帘

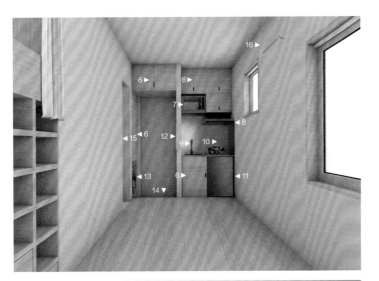

6. 储藏空间
7. 微波炉
8. 抽油烟机
9. 水槽
10. 单口灶台
11. 迷你冰箱
12. 镜子
13. 洗衣机
14. 脱鞋区
15. 卫生间
16. 空调

17. 小型可开启窗扇
18. 固定储物格
19. 电源插座
20. 床头灯
21. 床帘
22. 床铺
23. 照明开关

18m²A 户型室内家具布置的可能性研究

18m²A 户型自由家具

由租户自行购买家具进行组合搭配的可能性示例

A1   A2   A3

A1   A2   A3

18m²A 户型定制家具

18m²A 户型自由家具

由租户选择专为此户型设计配套的定制家具的可能性示例

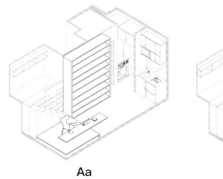

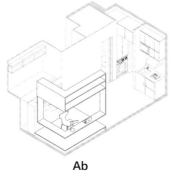

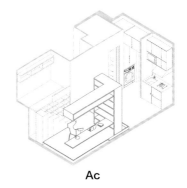

Aa

Ab

Ac

Aa

Ab

Ac

12m²B 户型室内效果

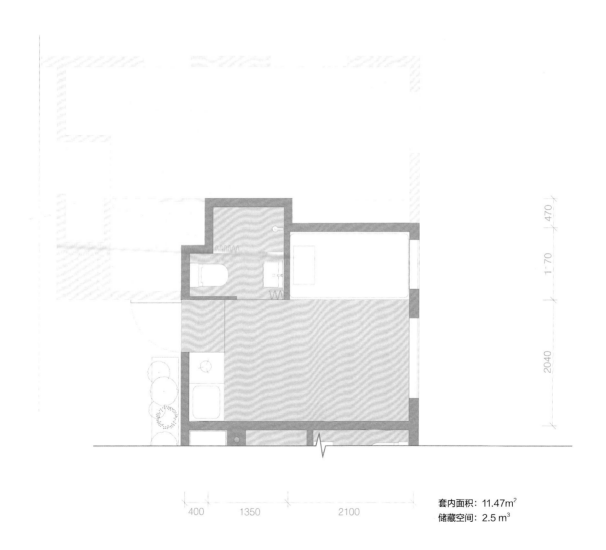

套内面积: 11.47m²
储藏空间: 2.5 m³

1. 可开启窗扇
2. 遮阳窗帘
3. 固定储物柜
4. 睡眠区
5. 空调机

6. 储物柜
7. 微波炉
8. 抽油烟机
9. 单口灶台
10. 水槽

11. 迷你冰箱
12. 脱鞋处
13. 镜子
14. 卫生间

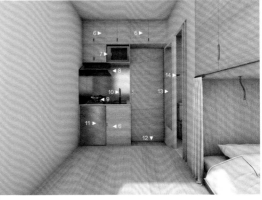

15. 电源插座
16. 储物柜
17. 床头灯
18. 照明开关

19. 床铺
20. 小型可开启窗扇
21. 窗帘

12m²B　户型室内家具布置的可能性研究

12m²B 户型自由家具

由租户自行购买家具进行组合搭配的可能性示例

B1

D2

B3

B1

B2

B3

12m²B 户型定制家具

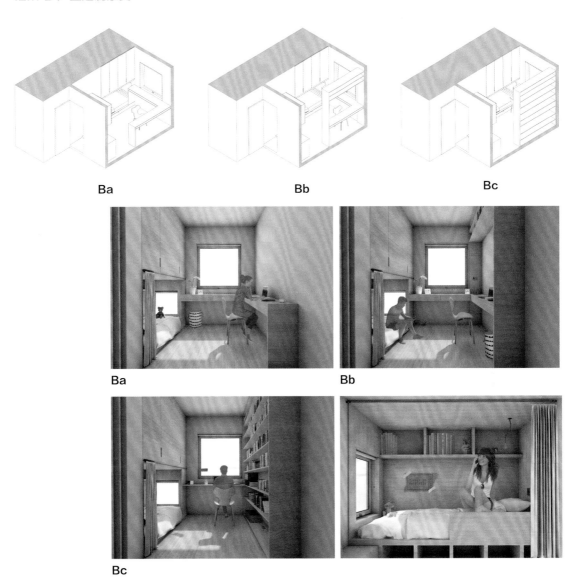

Ba

Bb

Bc

Ba

Bb

Bc

第五章 **5**

Package Your Home — from Inside to Terrace, from Intelligence to Romance

包裹住宅

从户内到阳台，从理性到浪漫

三等奖　The Third Prizes

设计团队

主创设计师：沈梦岑

设　计　师：吕　茵

设计理念

包裹住宅用最简单直接的方式将每个居所打造成完整的、顶制的、可装配的"包裹"，在钢结构框架中插入包裹，即形成住宅。它将生活的硬件需求与生活内容本身一并生产、建造，成为一个便携式的容器，以最集约的方式创造高效且富有品质和情调的生活，使家的美好跟随居者一同迁徙。

由于包裹相对于框架的独立性，其排列方式灵活多变。三种模块交错组合，形成建筑的肌理，留白区域便成为公共空间。建筑一、二层作为公共区域，可开放给社区以外的居民使用，成为共享资源。中轴线上除了交通空间外，更设置了多种文化、体育活动场所供住宅区的居民使用，丰富年轻人的业余生活，并形成公共活动交流地带。

包裹住宅有三种模块尺寸：3m×4m×3m、3m×6m×3m和3m×9m×3m，分别对应12m²、18m²和27m²三种面积的住宅单元。三种住宅单元的组合按照面积大小交错排列，在丰富建筑形式的同时，也为中小户型提供了室外露台，延伸了生活空间，创造了更宜居的品质。

每个包裹都有独立的框架与墙体。应对3m见宽的钢结构模数，包裹外墙的宽度与高度都为2.7m，使其能被整体插入建筑大框架中。室内所有家具设施均为预制，保证包裹被运往现场安装时内部的完整性。水电管道均预埋于墙地面；排风排烟管道待包裹现场安装完毕后设置于吊顶。

小包裹——单人户型模块尺寸为3m×4m×3m，实际使用空间尺寸为2.5m×3.8m×2.5m。在极端紧凑的空间中，客厅与餐厅合为一体，衣柜储物形成阶梯承托卧室夹层，既满足基本生活需求，又创造了空间的变化与层次。

中包裹——双人户型模块尺寸为3m×6m×3m，实际使用空间尺寸为2.5m×5.8m×2.5m。餐厅与客厅分化为两个独立区域，储物面积增加，厨卫设施也更齐全。夹层设置了1.5m宽的双人床，二人生活也能有序、舒适。

大包裹——家庭户型模块尺寸为3m×9m×3m，实际使用空间尺寸为2.5m×8.8m×2.5m。家庭户型为有儿童的年轻家庭设计，增加了书房与儿童床。书房既可作为孩子的学习场所，也可作为办公空间。同时，主卧与客厅连成一体，使临窗空间更开敞，家人活动范围更大，使用更舒适。

三种户型通过外立面的落地窗使室内空间延伸向室外，内部呈现的理性逻辑在阳台转化成了温柔浪漫的情境。和室内的秩序与高效不同，阳台一方面提供了植被、土壤，使建筑质感变得柔软、有生机；同时，人们终有一方天地种植蔬菜瓜果、观察水鸟鱼虫，在机械忙碌的都市生活中感受自然。另一方面，阳台作为仅有的半开放空间，是不同住户在各自家中就能互相见面、交流的场所，人们通过阳台的交流就能了解邻居的家庭情况、生活状态，成为真实的邻里、日常的伙伴，而这也正是传统高层住宅缺乏的人情味与市井气息。

在建筑材料方面，整体的钢结构框架中包裹住宅的外墙，以银色金属板作完成面，形成简洁明朗、轻快利落的外观气质。室内及家具则以木材为主要材料，营造温馨、柔和、舒适的氛围，使室内外形成冷暖、软硬的对比。

作品特色

居住模块的可更迭与再生

错层空间的灵活与丰富

室外平台的情趣与自然

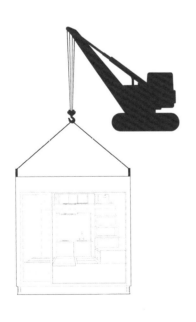

居住模块的可更迭与再生

基于模块相对统一的尺寸，包裹的排列组合具有相当的灵活度和自由度，使住宅形态可更迭和可持续地变化。

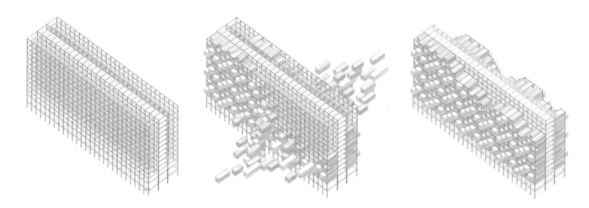

包裹住宅用最简单直接的方式将每一个居所打造成完整的、预制的、可现场直接装配的"包裹"，在钢结构框架中塞入包裹，即形成住宅。包裹有三种模块——3m×4m×3m、3m×6m×3m和3m×9m×3m，分别对应12m²、18m²和27m²三种面积的住宅单元。三种模块依照交错的方式排列组合，形成建筑的肌理。框架中间预留室内交通，南北两侧为包裹插入区。

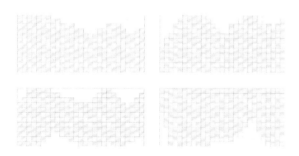

由于包裹相对于框架的独立性，其排列方式比较自由，既可将框架填满，亦可留白，而留白区域便可成为公共活动区。同时，由于交通轴线将建筑分为南北两部分，两侧包裹的布局和排列也可各不相同。

三种模块的组合按照面积大小交错排列，在丰富建筑形式的同时，也为中小户型提供了室外露台，延伸了生活空间，创造了更宜居的品质。

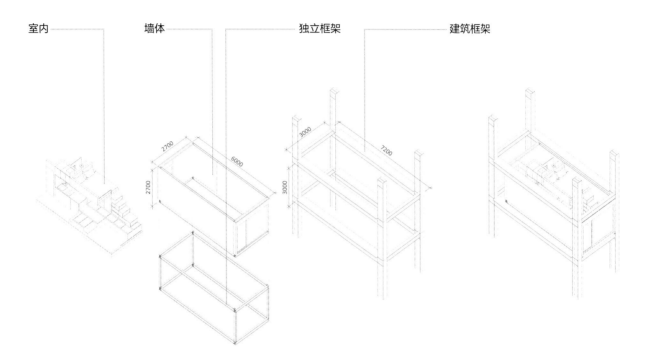

室内　　　　　墙体　　　　　　独立框架　　　　　建筑框架

2700　　6000　　2700　　3000　　7200　　3000

每个包裹都有独立的框架与墙体。应对3m见宽的钢结构模数，包裹外墙的宽度与高度都为2.7m，使其能被整体插入建筑大框架中。室内所有家具设施均为预制，保证包裹被运往现场安装时内部的完整性。水电管道均预埋于墙地面；排风排烟管道待包裹现场安装完毕后设置于吊顶。

错层空间的灵活与丰富

三种户型在极限空间内将尽可能多的生活内容囊括其中，通过夹层增加使用面积，并利用固定家具创造富于层次变化的标高和空间形式，活动家具压缩了闲置空间，使可利用空间最大化。

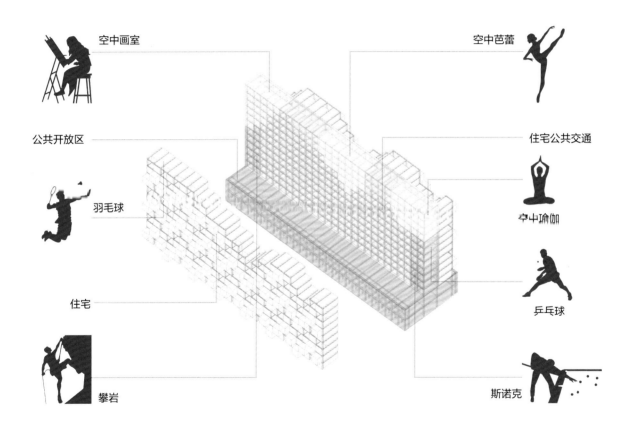

空中画室

空中芭蕾

公共开放区

住宅公共交通

羽毛球

空中瑜伽

住宅

乒乓球

攀岩

斯诺克

建筑一、二层为公共区域，可开放给社区以外的居民作为共享资源。中轴线上除了交通空间外，更设置了多种文化、体育活动场所供住宅区的居民使用，丰富年轻人的业余生活，并形成公共活动交流地带。

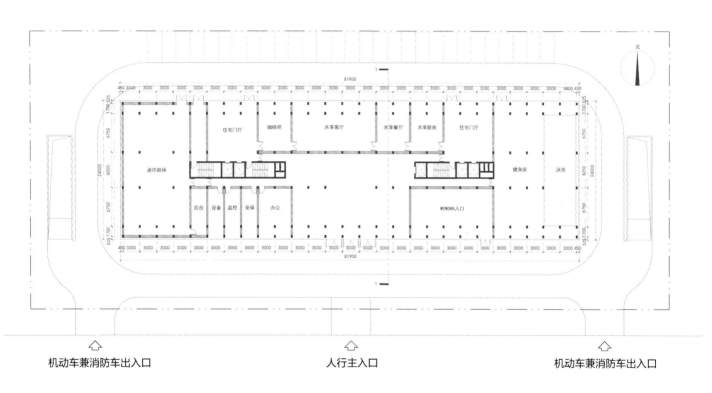

住宅门厅　咖啡吧　共享客厅　共享餐厅　共享厨房　住宅门厅

迷你剧场　　健身房　泳池

后台　设备　监控　安保　办公　　WEWORK入口

81900

北

⇧
机动车兼消防车出入口

⇧
人行主入口

⇧
机动车兼消防车出入口

一层平面图 1：300

室外平台的情趣与自然

阳台在提供丰富的室内功能的同时，包裹住宅利用露台将活动空间从室内延伸到室外，提供极小户型 6m² 左右的室外活动空间，不仅消解了小空间的压抑、紧迫感，更为人们创造了享受自然的机会，使简单的生活依然能充满情调和乐趣。

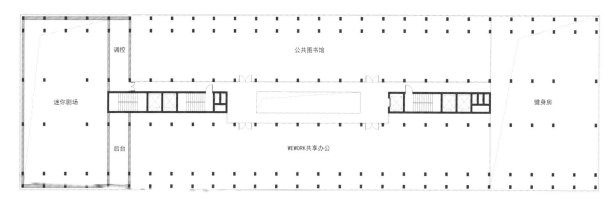

二层平面图 1∶300

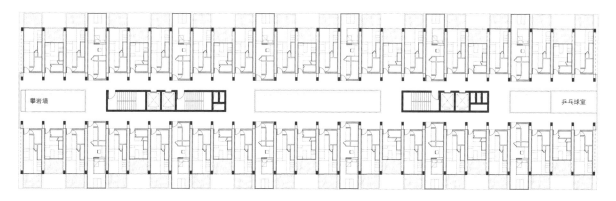

标准层平面图 1∶300

设计方案

12m² 户型　小包裹单人

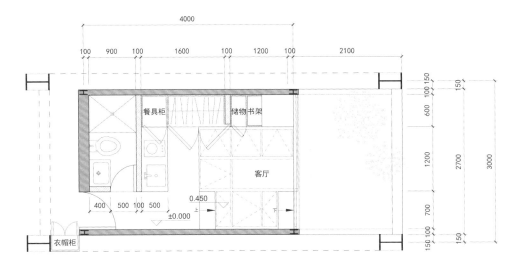

单人户型平面图 1：50

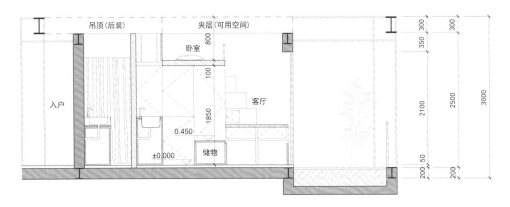

单人户型剖面图 1：50

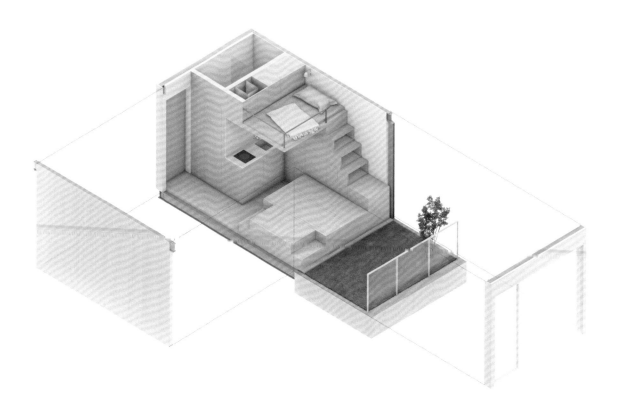

单人户型模块尺寸为3m×4m×3m，实际使用空间尺寸为2.5m×3.8m×2.5m。在极端紧凑的空间中，客厅与餐厅合为一体，衣柜储物形成阶梯承托卧室夹层，既满足了基本生活需求，又创造了空间的变化与层次。

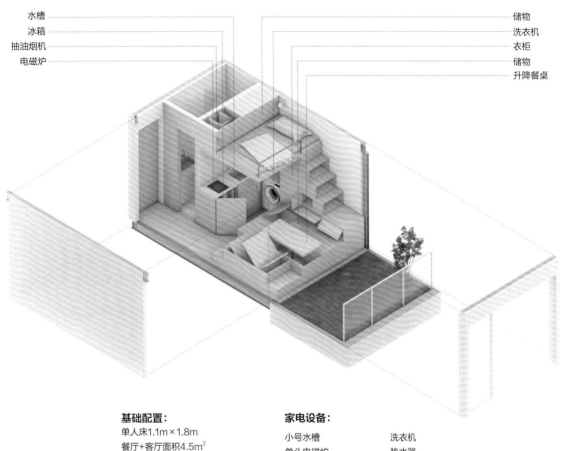

水槽
冰箱
抽油烟机
电磁炉

储物
洗衣机
衣柜
储物
升降餐桌

基础配置：
单人床1.1m×1.8m
餐厅+客厅面积4.5m²
卫生间面积1.5m²

储物量：3.5m³

家电设备：

小号水槽　　　　洗衣机
单头电磁炉　　　热水器
抽油烟机　　　　空调
迷你冰箱

18m² 户型　中包裹双人

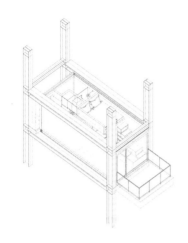

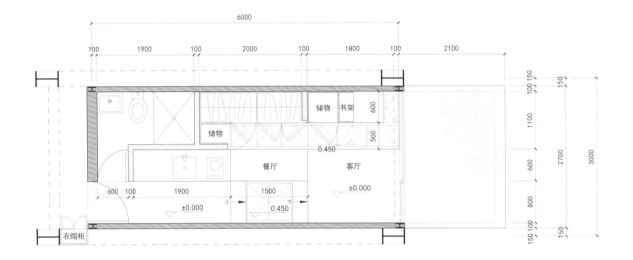

双人户型平面图 1 : 50

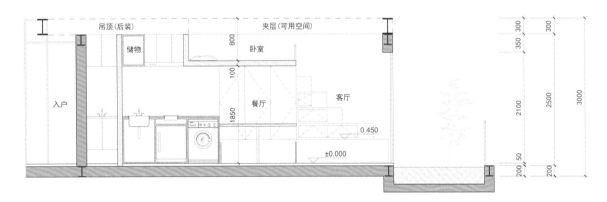

双人户型剖面图 1 : 50

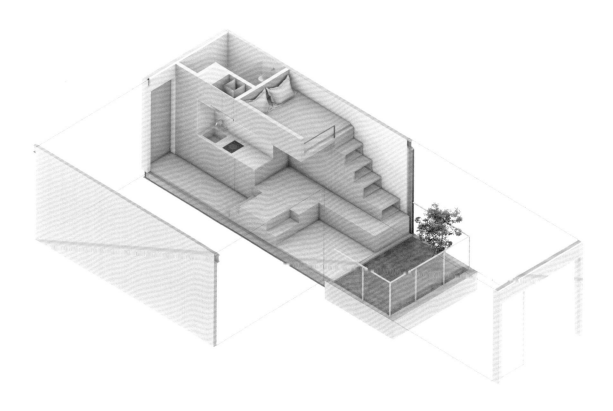

双人户型模块尺寸为3m×6m×3m，实际使用空间尺寸为2.5m×5.8m×2.5m。餐厅与客厅分化为两个独立区域，储物面积增加，厨卫设施也更齐全。夹层设置了1.5m宽的双人床，二人生活也能有序、舒适。

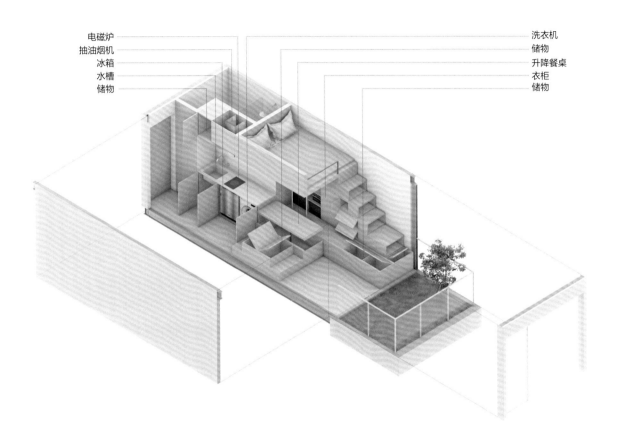

电磁炉
抽油烟机
冰箱
水槽
储物

洗衣机
储物
升降餐桌
衣柜
储物

标准配置：
双人床1.5m×2m
餐厅+客厅面积8.75m²
卫生间面积2.3m²

储物量：3.8m³

家电设备：

中号水槽
单头电磁炉   洗衣机
抽油烟机   热水器
迷你冰箱   空调

27m² 户型　大包裹家庭

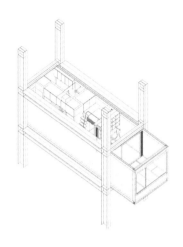

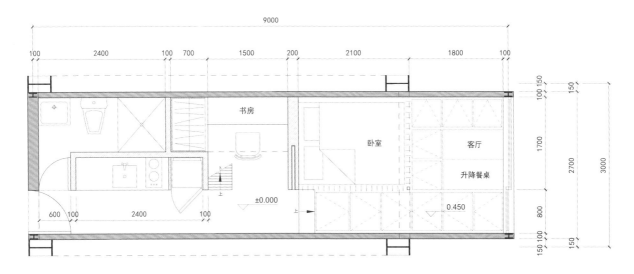

9000

100 2400 100 700 1500 200 2100 1800 100

书房

卧室

客厅

升降餐桌

±0.000

0.450

600 100 2400 100

100 150 150 150

1700

2700 3000

800

150 100 150

家庭户型平面图 1：50

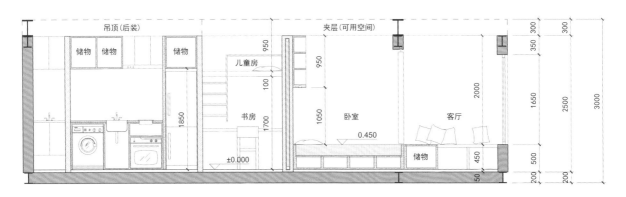

吊顶（后装）

夹层（可用空间）

储物 储物 储物

儿童房

书房

卧室

客厅

储物

±0.000

0.450

950 950 100 1700 1050 1850 2000

300 300
350 2500 3000
1650

450 500 50 200 200

家庭户型剖面图 1：50

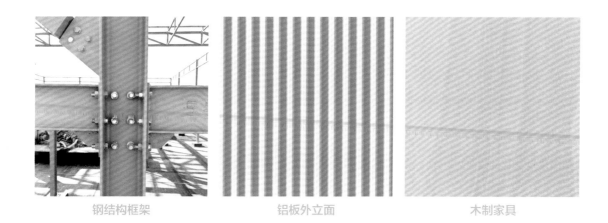

钢结构框架　　　　　　　　铝板外立面　　　　　　　　木制家具

建筑整体使用钢结构框架，包裹的外墙以有纹理的金属板作完成面，而内部家具全都以木材为原料，使建筑外观具有简洁明朗、轻快利落的气质，而室内却显得温馨、柔和、舒适，使室内外产生冷暖对比。

公共区域

空中画室

空中芭蕾

空中球场

Transition House — Balance between Time, Space and Quality

三相宅

构建时间、空间、品质平衡

三等奖　The Third Prizes

设计团队

设计师：邱　千　朱承哲

设计理念

扬长避短，充分发挥极小户型的空间潜力

一直以来，极小户型住宅往往与局促、昏暗、混乱、妥协等词汇一并出现。然而，小面积并不必然等同于低品质。事实上，造成小户型住宅窘境的源头往往是其背后的商业逻辑，而非物理条件的限制。

在我国既往住宅的供应模式中，由于欠缺商业价值，对小户型住宅的设计与维护并未得到充分的重视。这种住宅的来源往往是非正规的住宅开发、既有住宅的再分割、其他类型建筑的改造等，除宿舍这种只具有部分住宅功能的居住建筑之外，几乎没有任何极小型住宅是经过系统性严密设计的。

然而，在房价高涨，新市民、青年人和基础服务从业人员难以负担购房支出的今天，小户型住宅作为社会保障项目得以脱离纯粹的市场逻辑，为我们探索小户型住宅的空间品质提供了宝贵的机会。

正因为布局紧凑，室内进深有限，而同样基地面积上住户数量更多，小户型住宅在空间的创造性利用、室内外环境的联结与互动、住户社群多样性，以及居住者的个性表达甚至整个城市片区的身份塑造方面，都向我们提出了值得深入探究的议题。小户型住宅在切实解决大量人群的住房问题之外，同时承载着市民与城市文化塑造的使命。

适度介入，与住户一同学习如何生活

由于面积有限，在小户型住宅的设计过程中没有犯错的空间，这就使得最终空间的呈现效果与设计者高度相关。

在现存的小户型住宅中，由于前述原因，专业的设计团队往往是缺位的，这就将空间的布局以及使用的难题完全抛给了不具有专业知识的居住者。虽然我们绝对不可小看群众的智慧，但事实上有能力完美解决这些难题的居住者还是只占极少数。同时，小户型住宅的居住者往往缺乏谋生以外的精力来对生活环境进行深入思考，这使得专业人士在极小户型的设计中具有举足轻重的作用。

此外，面对多样化的群众需求，设计师往往难以面面俱到。在高度集成化的小户型设计中，我们也经常见到设计师基于自己的生活经验对客户行为进行武断的臆测，最终造成设计与部分客户的生活完全脱节，客户甚至需要进行改造才能正常使用。

因此，本设计的基本立场是在空间的范畴内力求使设计保持中立，助力并鼓励使用者更充分地发挥他们固有的创造力。作为设计师，我们希望通过空间与器具的设计，与住户一同学习如何过上理想的生活。

三相平衡，梳理人、时间与空间的互动关系

建筑之根本即研究人于某一特定时间在规划空间中的活动与感受。通过对人、时间、空间三者的研究，才会有形式、意义等后续的产出。而作为所有人使用时间最多的建筑类型，住宅的设计更要求我们回归基础的三相坐标系，深入研究人的需求、时间与空间之间的相互关系。

在极小户型的设计中，有时不可避免地要在功能上做出取舍与妥协。但将视角扩大至人、时间与空间的三相坐标系后，许多看似难解的问题均可以通过时间与空间的相互让渡得到解决。这种对时间、空间的同时操作使小户型住宅得以恰当应对始终变化的人的需求。如何通过室内和组团的设计，建立三者之间的动态平衡，便是本设计的主要切入点。

灵活兼容，全力驱动保障性住房社会工程

除了适应人群的多样化需求之外，本设计还着力于通过对称几何系统与模块化设计的方式，推进方案的标准化与普适性。

在龙华区某新建地块的尺寸限制下，我们成功探索出了一套能够适应深圳气候、不同朝向、不同基地形状以及不同拓扑类型的基础邻里单元。在最大限度优化采光、通风之外，此基础单元还可以通过不同的排列组合方法形成各种尺寸和功能的楼宇公共空间。

我们在保证户内面积与公区面积比例合适的基础上，特意规避了单一标准层的构成模式，综合采用了尽可能多的平面与剖面搭配组合方法，以展示方案在满足消防、结构、给排水等要求的前提下所能呈现的丰富效果。

作品特色

三相平衡，梳理人、时间与空间的互动关系

扬长避短，充分发挥极小户型的空间潜力

适度介入，与住户一同学习如何生活

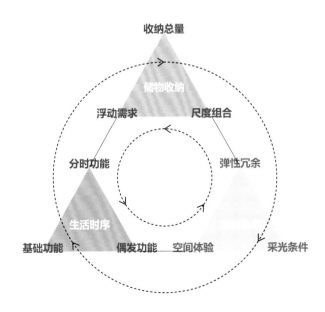

收纳总量

储物收纳

浮动需求　尺度组合

分时功能　　　　弹性冗余

生活时序

基础功能　偶发功能　空间体验　　采光条件

三相平衡，梳理人、时间与空间的互动关系

三相关系及转化图解

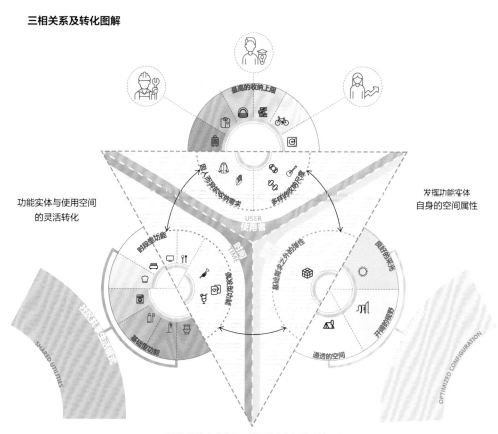

功能空间的交替共用、借用带来空间的良性冗余

储物收纳、生活时序与空间品质的三相动态平衡

灵活多变的模块化居住群组，
助力住房保障社会工程

补充居民需求，拓展生活领域

极简的几何语言，极致的创意空间

与自然和社群建立连接

扬长避短，充分发挥极小户型的空间潜力

设计思路导览图

针对户内功能性交通空间进行整合与优化，使小户型获得最多的灵活使用面积。

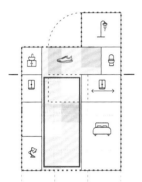

A型户内面积：12m²
功能实体面积：5.8m²
节省交通面积：

40%

弹性储物面积：0.6m²
弹性使用面积：3.36m²

弹性面积占比：

28%

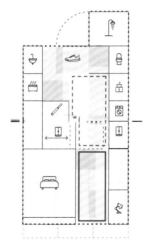

B型户内面积：18m²
功能实体面积：8.2m²
节省交通面积：

41%

弹性储物面积：1.88m²
弹性使用面积：4.68m²

弹性面积占比：

26%

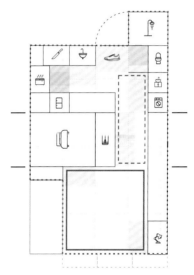

C型户内面积：27m²
功能实体面积：8.56m²
节省交通面积：

27%

弹性储物面积：3.52m²
弹性使用面积：9.56m²

弹性面积占比：

35%

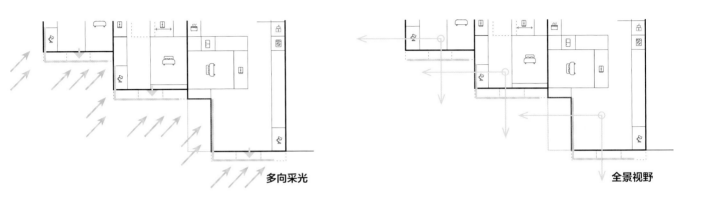

多向采光

全景视野

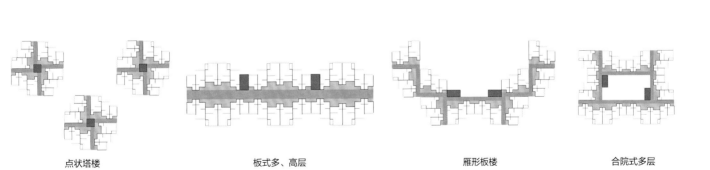

点状塔楼

板式多、高层

雁形板楼

合院式多层

适度介入，与住户一同学习如何生活

生活场景

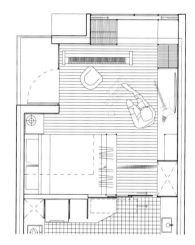 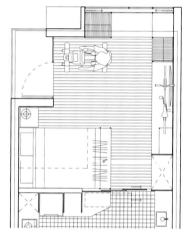 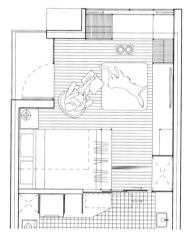

场景一：

小李大学毕业不久后来到深圳，成为一名职业编曲师。

虽然住房不大，但创作所需的乐器和设备都触手可及。城市的全景夜景令小李在深夜创作时总有无尽的灵感。

虽然平时房间很乱，但在邀请朋友试听新曲时，小李总能将散落一地的器材收拾妥当，腾出空间与友人共享一个惬意的双休日下午。

场景二：

小王在深圳工作了数年。为了对抗工作的压力，她始终保持着运动的习惯。

她将大部分业余时间投入了健身活动，尤其热爱自行车骑行，下班后的室内训练是她的每日必修。而在周末天气晴好的时候，她会取下自行车走出家门，沿观澜河长途骑行。

做完一组室内健身训练后，站在阳台上感受微风吹拂是她最愉悦的时刻。

场景三：

小陈最近因为临时工作变动，从邻省搬家来到深圳。在深圳停留的这段时间，她的工作单位为她安排了住所。

小陈与自己的宠物相伴生活了多年，自然搬家时要求携宠物同行。

在陌生的城市里，小陈会在下午与宠物一起在起居室晒太阳。和煦的阳光与远处的山景，为小陈的旅居生活增添了一丝禅意。

生活场景效果图

场景一　场景二

场景三

设计方案

12m²A 户型　平面设计

12m² 户型为可居住组团中的最小单元，也给设计带来了极大的挑战。在该组团的设计中，通过合理的分区将后勤功能与居住功能区分开，提高生活舒适性，同时通过飘窗设计使生活区的空间最大化。

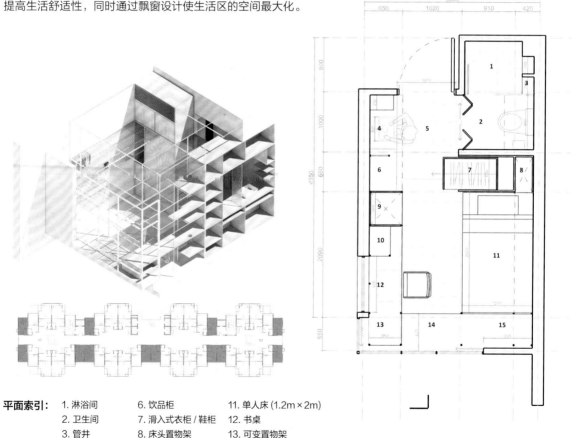

平面索引：

1. 淋浴间	6. 饮品柜	11. 单人床 (1.2m×2m)
2. 卫生间	7. 滑入式衣柜/鞋柜	12. 书桌
3. 管井	8. 床头置物架	13. 可变置物架
4. 洗手池	9. 储藏柜	14. 飘窗
5. 玄关/洗漱间	10. 置物架	15. 茶台

12m²A 户型　剖面设计

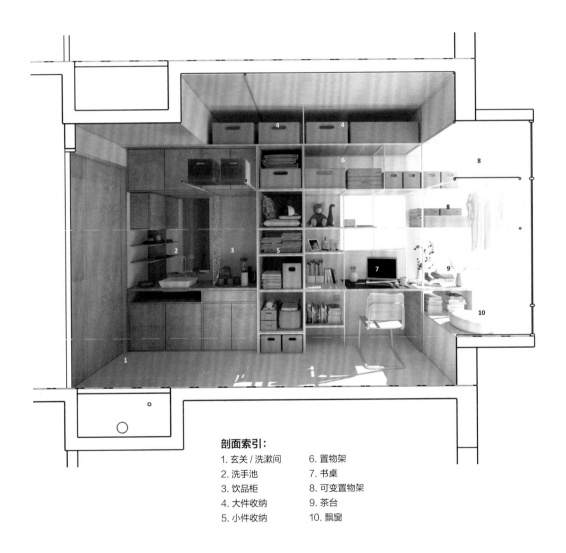

剖面索引：

1. 玄关 / 洗漱间	6. 置物架
2. 洗手池	7. 书桌
3. 饮品柜	8. 可变置物架
4. 大件收纳	9. 茶台
5. 小件收纳	10. 飘窗

12m²A 户型　收纳设计

通过对户内不同标高平面（+300，+1200，+2100）的推敲，将空间利用最大化。+300 标高，充分利用洗手池、衣柜及床下方的冗余空间；+1200 标高，通过固定式储物空间与开敞式储物空间的结合搭配，灵活转化，为使用者提供场景使用与储物的选择；+2100 标高，灵活的扩展与可变式储物空间环绕起居空间布置，可极大地改善居住者的使用需求。

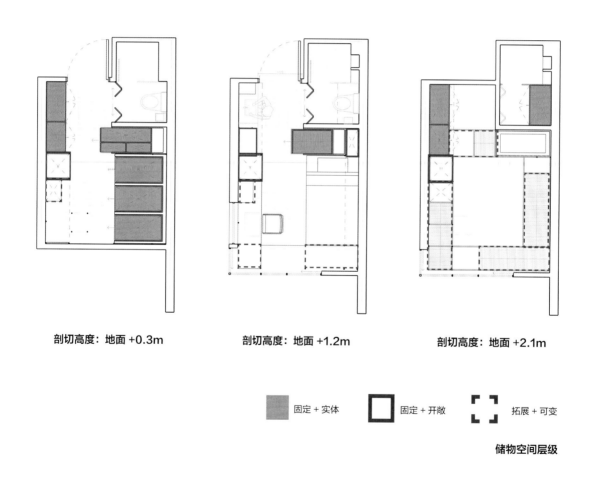

剖切高度：地面 +0.3m　　　　剖切高度：地面 +1.2m　　　　剖切高度：地面 +2.1m

■ 固定 + 实体　　□ 固定 + 开敞　　⌐⌐ 拓展 + 可变

储物空间层级

A 户型室内渲染图

27m²C 户型　平面设计

27m² 户型在后勤与居住功能分区的基础上，将剩余的面积留给未预设功能的起居空间，为使用者提供更多元的选择，空间的可能性被极大拓展。

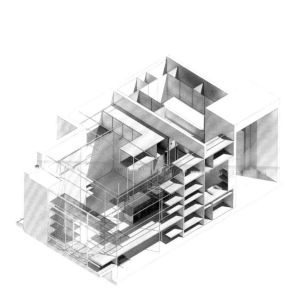

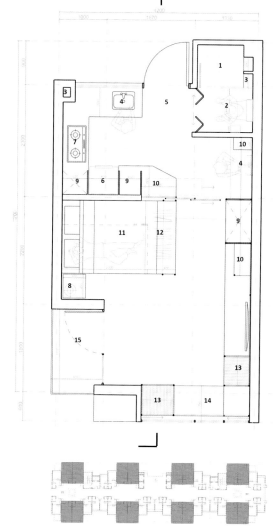

平面图例：

1. 淋浴间	6. 置物架
2. 卫生间	7. 滑入式衣柜 / 鞋柜
3. 管井	8. 床头置物架
4. 洗手池	9. 储藏柜
5. 玄关	10. 置物架

11. 单人床 (1.2m×2m)
12. 书桌
13. 置物架
14. 飘窗
15. 茶台

27m²C 户型　剖面设计

剖面索引：

1. 储物空间	5. 收纳式餐桌	9. 起居室
2. 厨房 / 玄关	6. 大件储物空间	10. 可变置物架
3. 橱柜	7. 开放式衣柜	11. 飘窗
4. 操作台	8. 小件储物空间	12. 玻璃隔断

27m²C 户型　收纳设计

采用与 A 户型相似的多标高设计原则，同时在后勤区域更多设置固定、实体的收纳空间，保障刚性的储物需求，而在生活区域更多采用扩展与可变式储物，从而在一定程度上满足使用者对多元化屋内活动与社交的需求。

剖切高度：地面 +0.3m　　　　剖切高度：地面 +1.2m　　　　剖切高度：地面 +2.1m

固定 + 实体　　　　固定 + 开敞　　　　拓展 + 可变

储物空间层级

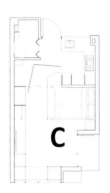

可动节点设计

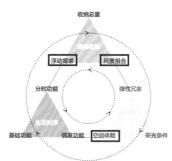

营造可靠、简便、易操作的可变储物格构系统

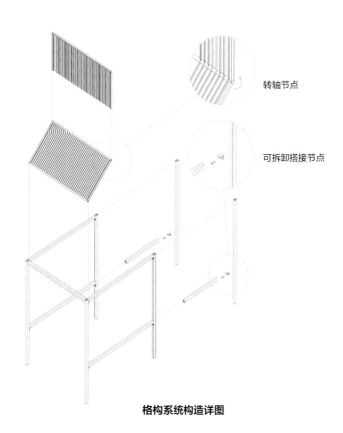

转轴节点

可拆卸搭接节点

格构系统构造详图

展开过程示意图

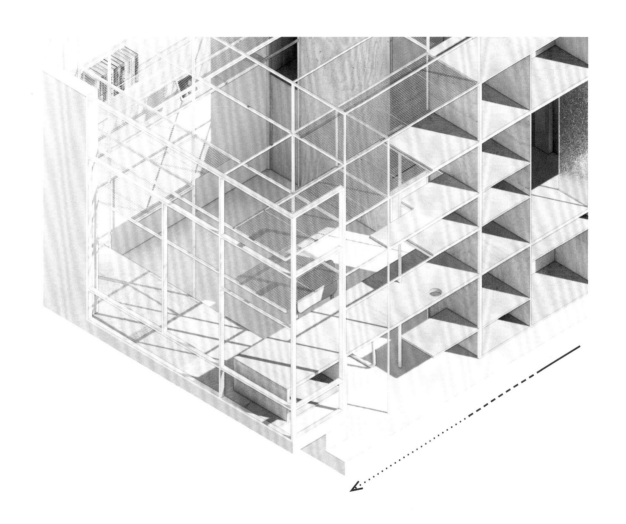

实体功能空间向开放使用空间的层级转化

浮动收纳容量

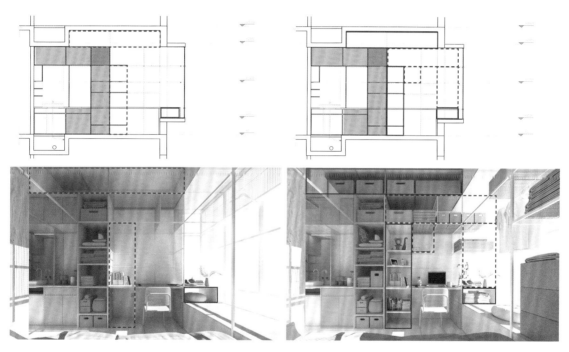

基础储物容量：

A 户型：4.8m³

C 户型：10.6m³

最大储物容量：

A 户型：10.6m³

C 户型：19.1m³

可变收纳尺度

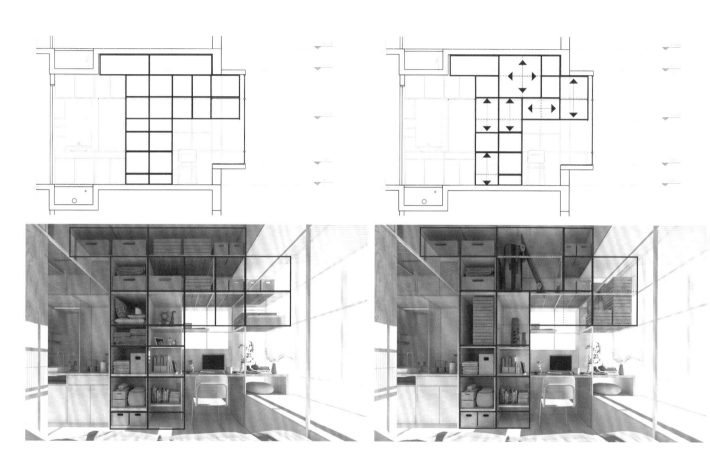

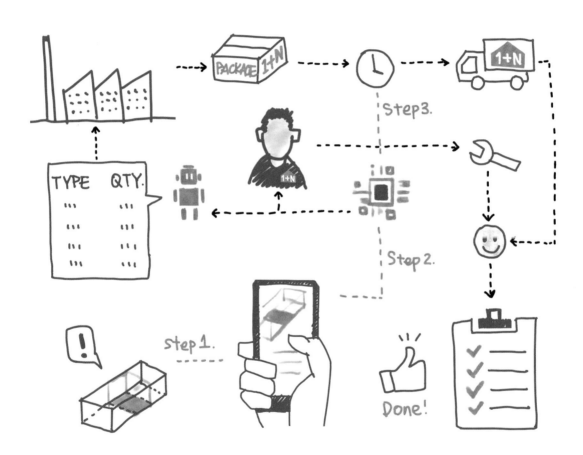

1+N House — Customized Full Life Cycle Residential Module

1+N 宅

菜单式订制的全生命周期居住模块

三等奖　The Third Prizes

设计团队

中建科技集团有限公司

设计师：李书阁　王允嘉

设计理念

随着科技的不断发展和社会的不断变迁，城市的面貌正在发生翻天覆地的变化。在这场变革的风暴中，一个全新的概念应运而生——"1+N"社区。它不仅仅是一个居所，更是一个拥有无限可能的个性化创新空间，将未来与创新融为一体。这种全新的社区理念以空间的开放性、多元性、参与性为特点，让使用者与时间共同定义空间的功能，同时引导、鼓励使用者去创造和发现。

重新定义空间的可能性

"1+N"社区的核心理念之一是重新定义空间的可能性。传统的居住空间往往是刻板而固定的，但在"1+N"的设计中，空间的功能不再是僵化不变的，而是由使用者与时间共同定义。这意味着每个居住者都有机会根据自己的需求和喜好来定制和改变自己的居住空间。这种灵活性使得社区可以适应不同人群的多样化需求，真正实现了个性化定制。

在"1+N"社区中，空间被构建为一个多元开放的框架，充分考虑到不同居住者的需求和生活方式。这不仅包括私人空间，还包括共享空间，如创意工作坊、社交休闲区等。这样的设计理念不仅为居住者提供了更广泛的选择，也促进了社区内居民之间的互动和共享。

社区提供了标准功能模块，这些模块可以根据个体需求进行灵活组合。无论是个人居住需求、创业工作场所，还是社交活动空间，都可以通过这些模块的组合得到满足。这种灵活性不仅满足了不同人的需求，也为社区内部的多功能性创造了条件。

数字化管理与个性化定制

"1+N"社区不仅在空间设计上突破了传统，还通过数字化管理和个性化定制为居住者提供了更加便捷和精细的服务。

通过移动终端，居住者可以实现定制入住，根据个人需求进行产品个性化设计。这一数字化的管理方式不仅提高了居住的便利性，也为社区运营方提供了更多数据和反馈，为未来的发展提供了更科学的依据。

社区的运营方在"1+N"社区中扮演着至关重要的角色，他们可以根据居住者的需求对功能模块进行全生命周期的维护、提升、迭代、重组。这种持续的管理和更新机制保证了社区始终保持在最佳状态，能够适应社区发展和居住者需求的变化。

个性化体验与数字化空间

"1+N"社区的独特设计和管理模式为居住者提供了个性化的体验，居住者在这个空间能够充分发挥个体的创造力和独特性。数字技术的广泛应用将使空间不再是静态的、僵化的，而是一个可以动态调整和个性定制的创新平台。

"1+N"社区是一个能够由入住者在移动终端上灵活选择、个性定义的空间。这种数字化的个性化体验使得每个居住者都能在空间中找到与自己个性相匹配的元素，使得居住空间真正成为一个个体的表达场所。

在"1+N"社区中，人们不再是被动的空间使用者，而是活跃的参与者和创造者。他们可以根据自己的需要随时改变和调整空间的布局和功能，使得居住成为一种愉悦和享受。这种个性化的体验将使人们更加珍视自己的居住空间，从而提高生活质量和幸福感。

对于辛劳工作的人们来说，"1+N"社区是一个能够让他们重新充满能量的地方。在这里，不仅有舒适宜人的居住环境，还有丰富多彩的社区活动和服务。居住者可以通过参与各种社交、文化和体育活动来释放压力，与他人建立联系，实现工作和生活的平衡。这种全方位的生活体验将使人们更加健康、积极和充实。

随着人工智能技术的不断进步，未来的"1+N"社区将能够通过学习居住者的习惯和喜好，提供更加智能、个性化的服务。从空调温度到照明，从娱乐推荐到家庭安全，一切都将在不打扰居住者的情况下自动调整。这样的智能服务将进一步提高居住的舒适度和便利性。

虚拟现实技术的崛起将为数字化空间带来更丰富的体验。居住者可以通过虚拟现实设备，实现与社区内外的虚拟元素互动。社区的活动、文化体验、教育资源等都可以通过虚拟现实技术在数字化空间呈现，为居住者提供更加丰富多彩的生活。

数字化空间将为艺术和文化创新提供更广阔的发展平台。通过数字艺术和虚拟现实相结合，艺术作品在数字空间将得以呈现，居住者可以在自己的居所欣赏到全世界的艺术展览。这种数字文化的交流和创新将使社区充满艺术氛围，为居住者提供更丰富的文化体验。

"1+N"社区的灵活性将为城市的社区规划提供一种更灵活的方式，数字化空间的集成和创新，也为城市提供了更具弹性的拓展模式。"1+N"社区的出现不仅会对个体居住者产生互动，也将对未来的城市规划和设计提出新的构想。

构建更美好的城市未来

在"1+N"社区的概念下，我们看到了一个个性化、智慧化、可持续化的城市发展模式。这不仅仅是对传统城市发展方式的一次颠覆，更是对未来城市生活的一次探索与创新。

数字化空间的出现不仅为居住者提供了更灵活和个性化的生活方式，通过多元开放的空间框架、数字化管理、个性化体验，社区不再是传统意义上的居住场所，而是一个充满可能性和创造力的社交空间。居住者在这里不仅仅是居民，更是城市的参与者和共建者。社区与城市的共生关系，将为城市带来更加丰富的生机和活力。通过数字技术的应用，社区的多元开放空间将成为城市的创新中心，吸引着创业者、艺术家、学者等各领域的人才，形成一个充满创造力的社交网络。

在这个数字化的未来，我们期待着城市不再是冰冷的钢筋混凝土堆积，而是一个充满生机和活力的大社区。居住者可以通过移动终端随时随地定制自己的空间，参与社区的决策和管理，共同建设更加美好的城市未来。通过"1+N"社区，我们或许能够看到一个更加人性化的、充满希望的城市时代的来临。在这个时代，城市不仅是我们居住的地方，更是我们共同创造的家园。

未来的"1+N"社区将是一个不断演化、不断优化的生态系统，为我们创造出一个更加美好、更加智慧、更可持续的城市未来。我们期待着更多的创新和发现，期待着居民们在这个空间实现自己的梦想。通过"1+N"社区，我们或许将迎来一个更加人性化、包容性强、充满希望的城市新时代。

作品特色

提供多元空间与灵活功能组合

通过移动终端实现定制入住，实现产品个性化

运营方可根据人们需要对功能模块进行全生命周期的维护、提升、迭代、重组

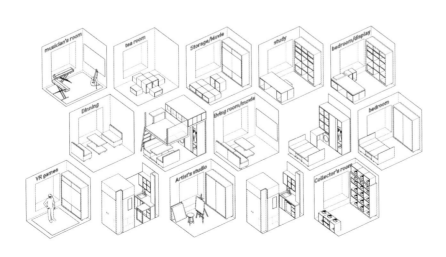

提供多元空间与灵活功能组合

与功能主义、一致统一的建筑住房不同，我们提供了多元开放的空间框架，使用者充分参与其中，诸多工作、生活方式、未来所需都得以遵从，标准功能模块在灵活组合后可以满足各类人的需求（用户画像）：爱读书的人、爱运动的人、爱游戏的人……运营方可根据人们需要对功能模块进行全生命周期的维护、提升、迭代、重组。

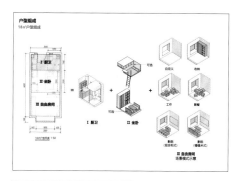

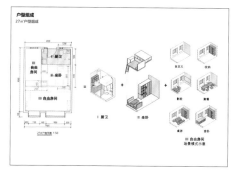

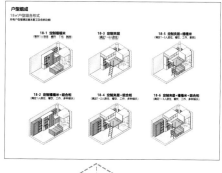

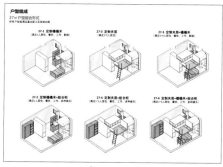

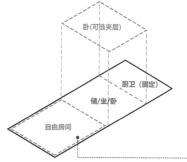

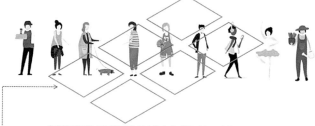

阅读爱好者 / 电影爱好者 / 美食家 / 运动咖 / 购物狂 / 艺术家
VR 玩家 /GEEK/ 一人公司 /SOHO 办公 / 自定义……

通过移动终端实现定制入住，实现产品个性化

置入架空空间、空中花园和更多公共功能空间，增加交流场所，加强人与人、人与建筑、人与环境之间的互动。公共空间可提供多种便民服务设施，独居者、城市新青年、新市民在获得居住保障的同时可享有优质公共资源，更容易拜访朋友和加入社区团体，利于人们增加对城市的认同感与归属感，进而安居乐业，创建更有生气和活力的城市。

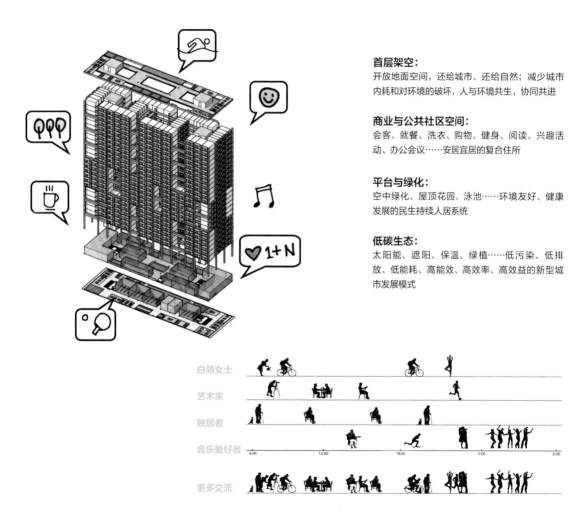

首层架空：
开放地面空间，还给城市、还给自然；减少城市内耗和对环境的破坏，人与环境共生，协同共进

商业与公共社区空间：
会客、就餐、洗衣、购物、健身、阅读、兴趣活动、办公会议……安居宜居的复合住所

平台与绿化：
空中绿化、屋顶花园、泳池……环境友好、健康发展的民生持续人居系统

低碳生态：
太阳能、遮阳、保温、绿植……低污染、低排放、低能耗、高能效、高效率、高效益的新型城市发展模式

白领女士
艺术家
独居者
音乐爱好者
更多交流

6:00　　　12:00　　　18:00　　　0:00　　　6:00

运营方可根据人们需要对功能模块进行全生命周期的维护、提升、迭代、重组

户型 & 功能可变，适应未来发展：

中华人民共和国成立后，居住条件从一人一床到一人一房，厨房卫生间从户外到户内，客厅和卧室从小到大，人们的生活品质、习惯、需求发生了巨大的变化，未来 15 年、30 年还将继续变迁：两间变为一间、三间变为两间……通过相等进深、模数化面宽尺寸的设计，户型产品体系可满足大小户型互换，满足未来改建发展、功能转变等需求。

智慧运维：

通过移动终端实现智慧运维 ——通过移动终端 & 商城实现定制入住，对家具及部品模块的维修更换、回收利用，实现产品个性化高溢价；统一部品家具按需生产、维修、更换、回收，实现加工生产、仓储物流、人工等成本最小化。

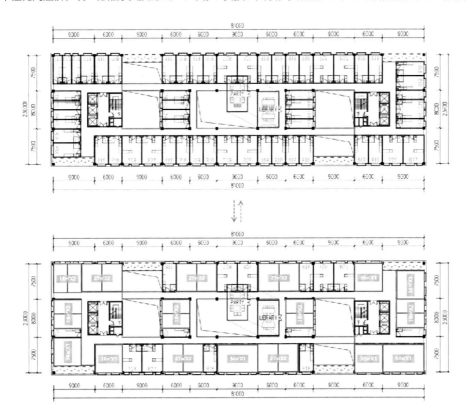

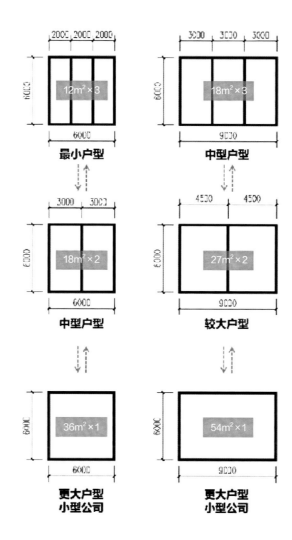

设计方案

宅之内　户型平面

适应多样化，探索未来

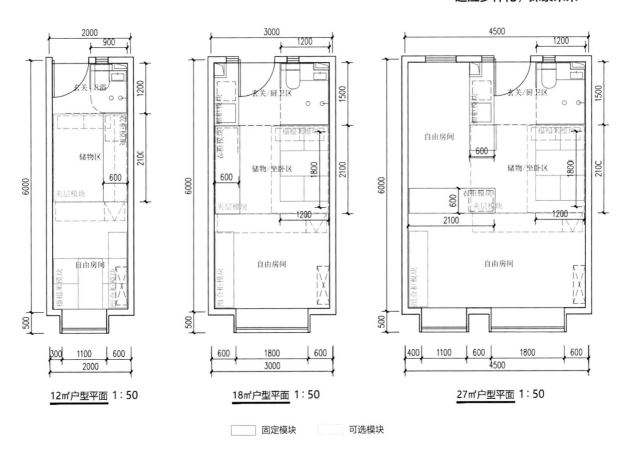

12㎡户型平面 1：50　　　18㎡户型平面 1：50　　　27㎡户型平面 1：50

固定模块　　可选模块

宅之内　A. 12m² 户型平面

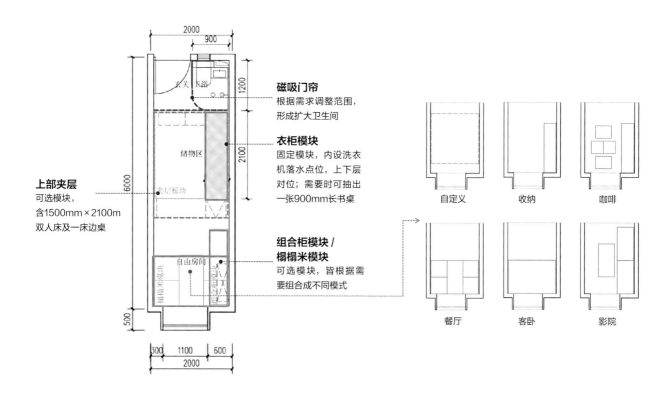

磁吸门帘
根据需求调整范围，
形成扩大卫生间

衣柜模块
固定模块，内设洗衣
机落水点位，上下层
对位；需要时可抽出
一张900mm长书桌

上部夹层
可选模块，
含1500mm×2100m
双人床及一床边桌

**组合柜模块/
榻榻米模块**
可选模块，皆根据需
要组合成不同模式

玄关　卫浴

储物区

夹层板块

自由房间

2000
900
1200
2100
6000
500
300　1100　600
2000

自定义　收纳　咖啡

餐厅　客卧　影院

宅之内　B. 18m² 户型平面

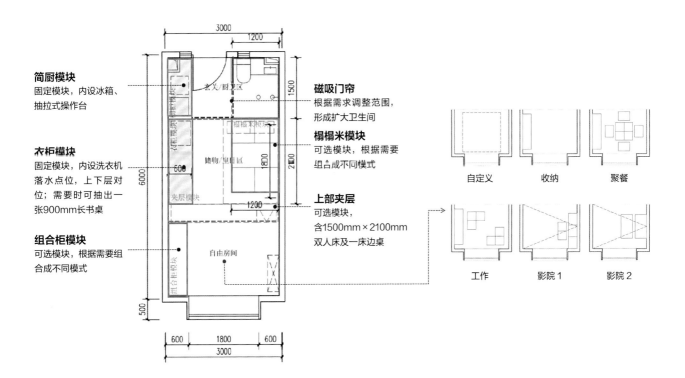

简厨模块
固定模块，内设冰箱、抽拉式操作台

衣柜模块
固定模块，内设洗衣机落水点位，上下层对位；需要时可抽出一张900mm长书桌

组合柜模块
可选模块，根据需要组合成不同模式

磁吸门帘
根据需求调整范围，形成扩大卫生间

榻榻米模块
可选模块，根据需要组合成不同模式

上部夹层
可选模块，含1500mm×2100mm双人床及一床边桌

自定义　　收纳　　聚餐

工作　　影院1　　影院2

宅之内　C. 27m² 户型平面

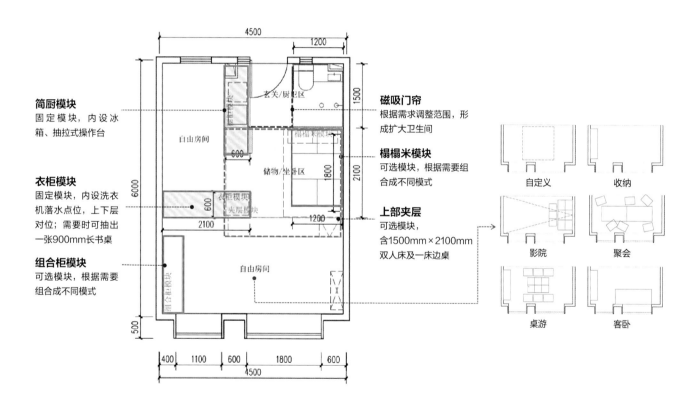

简厨模块
固定模块，内设冰箱、抽拉式操作台

衣柜模块
固定模块，内设洗衣机落水点位，上下层对位；需要时可抽出一张900mm长书桌

组合柜模块
可选模块，根据需要组合成不同模式

磁吸门帘
根据需求调整范围，形成扩大卫生间

榻榻米模块
可选模块，根据需要组合成不同模式

上部夹层
可选模块，含1500mm×2100mm双人床及一床边桌

自定义　　收纳

影院　　聚会

桌游　　客卧

宅之内　产品定制

租客入住前可在基本户型的基础上通过客户端 App 定制家具、模块，相应增减租金。

客户端 App 上附有可定制家具、组合方式及使用说明，入住者根据使用需求、喜好进行选择。

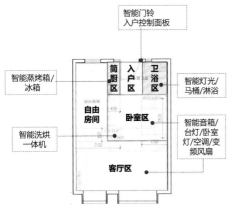

入住期间家具及其模块的维护、更换、回收也可通过 APP 获得相应免费或有偿服务。

户内智能家居覆盖，租客可在 APP 上实现对家电、灯具等的控制，一键操控实现不同家居场景转换。

模块说明书

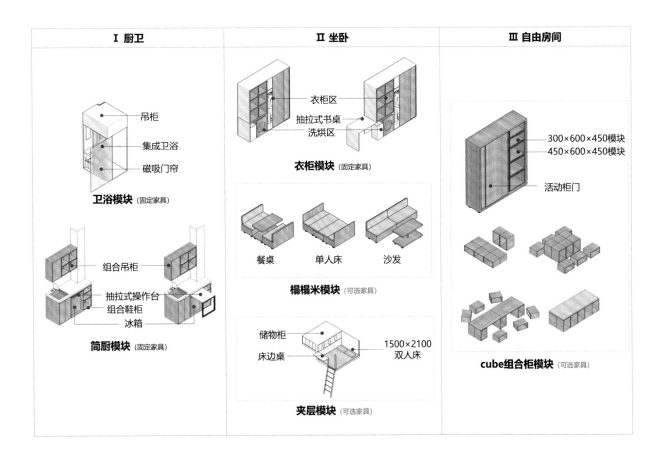

Ⅰ 厨卫

吊柜
集成卫浴
磁吸门帘

卫浴模块 (固定家具)

组合吊柜
抽拉式操作台
组合鞋柜
冰箱

简厨模块 (固定家具)

Ⅱ 坐卧

衣柜区
抽拉式书桌
洗烘区

衣柜模块 (固定家具)

餐桌　　单人床　　沙发

榻榻米模块 (可选家具)

储物柜
床边桌
1500×2100 双人床

夹层模块 (可选家具)

Ⅲ 自由房间

300×600×450模块
450×600×450模块
活动柜门

cube组合柜模块 (可选家具)

宅之内 18m² 户型组成

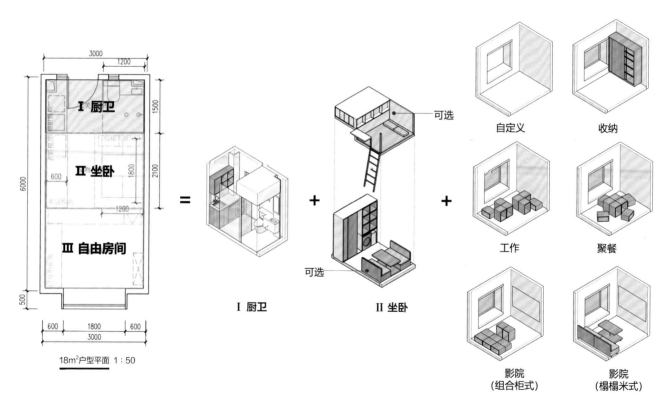

3000
1200
6000
1500
2100
600
1800
1200

I 厨卫
II 坐卧
III 自由房间

500

600 1800 600
3000

18m²户型平面 1：50

=

I 厨卫

+

可选

可选

II 坐卧

+

自定义   收纳

工作   聚餐

影院   影院
(组合柜式)   (榻榻米式)

**III 自由房间
场景模式示意**

宅之内　18m²户型组合形式

所有户型皆满足基本厨卫及收纳功能。

18-1 定制榻榻米
（满足1人居住、餐饮、工作、影院）

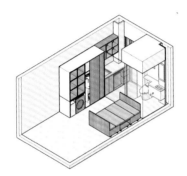

18-3 定制夹层
（满足1~2人居住）

18-5 定制夹层 + 榻榻米
（满足1~3人居住、餐饮、工作、影院）

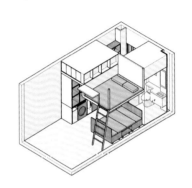

18-2 定制榻榻米 + 组合柜
（满足1人居住、餐饮、工作、多种娱乐）

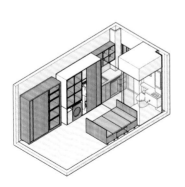

18-4 定制夹层 + 组合柜
（满足1~2人居住、餐饮、工作、多种娱乐）

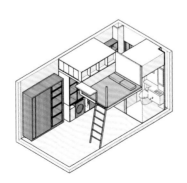

18-6 定制夹层 + 榻榻米 + 组合柜
（满足1~3人居住、餐饮、工作、多种娱乐）

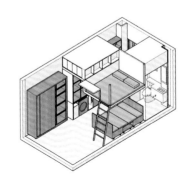

宅之内　27m² 户型组成

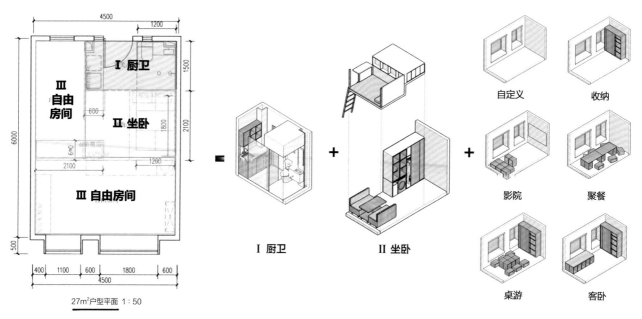

4500
1200
6000
1500
2100
1800
600
600
2100
1200
500
400　1100　600　1800　600
4500

Ⅰ 厨卫
Ⅲ 自由房间
Ⅱ 坐卧
Ⅲ 自由房间

27m² 户型平面 1:50

Ⅰ 厨卫　＋　Ⅱ 坐卧　＋

自定义　收纳

影院　聚餐

桌游　客卧

Ⅲ 自由房间
场景模式示意

宅之内　27m² 户型组合形式

所有户型皆满足基本厨卫及收纳功能。

27-1 定制榻榻米
（满足1人居住、餐饮、工作、影院）

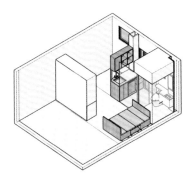

27-3 定制夹层
（满足1~2人居住）

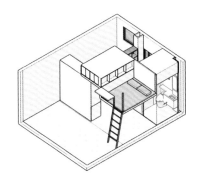

27-5 定制夹层 + 榻榻米
（满足1~3人居住、餐饮、工作、影院）

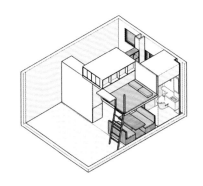

27-2 定制榻榻米 + 组合柜
（满足1人居住、餐饮、工作、多种娱乐）

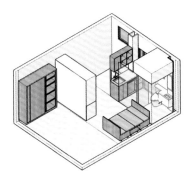

27-4 定制夹层 + 组合柜
（满足1~2人居住、餐饮、工作、多种娱乐）

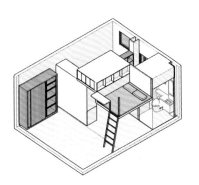

27-6 定制夹层 + 榻榻米 + 组合柜
（满足1~3人居住、餐饮、工作、多种娱乐）

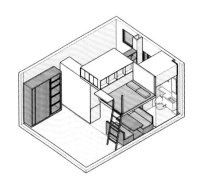

宅之内　场景展示

工作 & 阅读
户型 18-6 夹层 + 榻榻米 + 组合柜

影院
户型 18-2 榻榻米 + 组合柜

宅之间　建筑方案生成

充分利用场地，创造更多居住空间，满足自然采光、通风需求；同时为高密度的居住区创造更多高品质的空中花园、活动平台、公共功能空间。

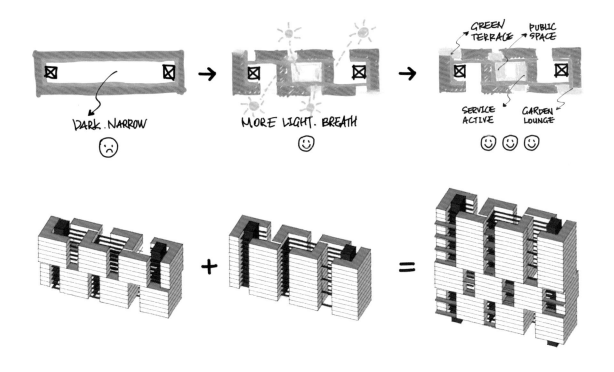

宅之间　更多公共空间

开放地面空间，还给城市，还给自然；增加空中绿化、屋顶花园、泳池；更多公共空间，增加交流场所。

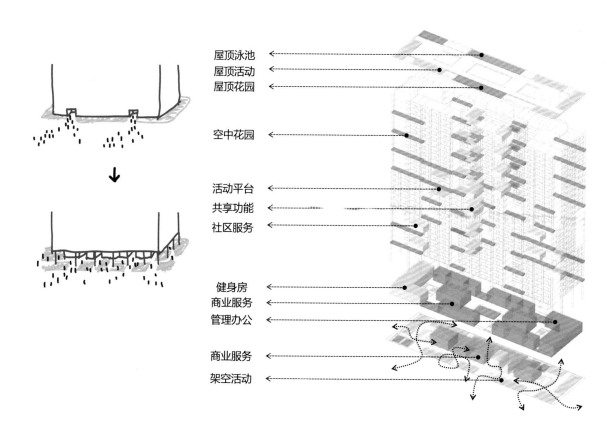

屋顶泳池
屋顶活动
屋顶花园

空中花园

活动平台
共享功能
社区服务

健身房
商业服务
管理办公

商业服务
架空活动

宅之间　鼓励社交、公共资源优化

公共功能模块：健身、会客、就餐、厨房、洗衣、购物、图书室、兴趣活动、办公会议、聚会玩乐……独居者、城市新青年、新市民在获得居住保障的同时享有优质公共资源。

宅之间 总平面图

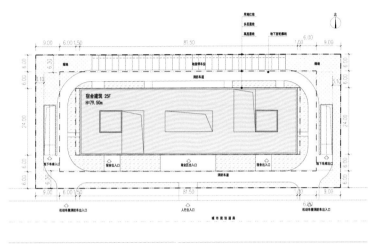

建筑平面图

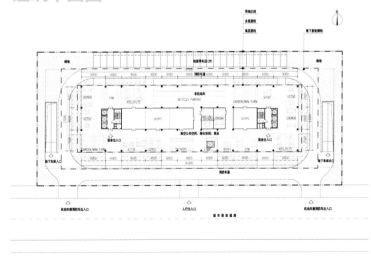

首层平面图
本层计容面积：471.00m²
总建筑面积：40688.13m²

2 层平面图

本层建筑面积：1589.04m²

商业及公共服务面积：1018.82m²

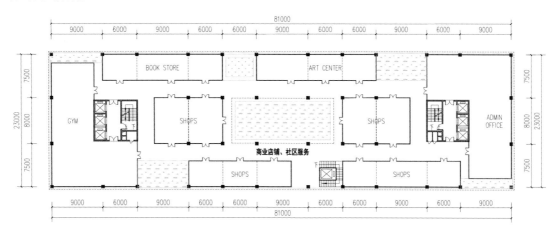

典型层平面图

本层建筑面积：1401.61m²

宿舍共56间：12m²宿舍19间，18m²宿舍27间，27m²宿舍10间

公共活动平台（隔层设置）面积：60.00m²

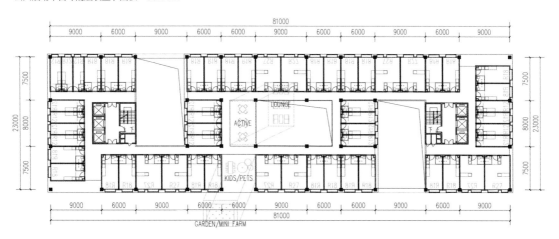

宅之外　户型可转换、功能可转变

相等进深、模数化面宽尺寸的户型体系可满足大小户型互换，满足未来改建发展、功能转变等需求。

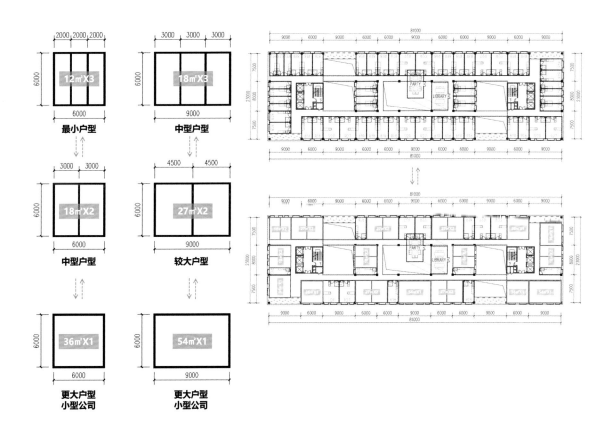

工作室 / 研讨
户型 27-4 夹层 + 组合柜

聚会
户型 27-4 夹层 + 组合柜

Implantable Micro-House — The Third Way to Indemnificatory Housing

植入式微宅

保障性住房的第三条道路

三等奖　The Third Prizes

设计团队

深圳市微空间建筑科技有限公司

主创建筑师：孟建民　张文清　曾国昆　王　键

主要设计人：高学洪　黄　强　徐同斌　宾　菲　欧阳丽　郑楷煜　唐尚飞　周振坤

　　　　　　苏梓敏　彭佳怡

设计理念

我今天收到了一份深圳CBD的offer，想在附近落脚。该落在哪里呢?也许只在这家公司试用一两周就想换换感觉了，也许"生态园"更适合我?比起铆足劲留下来，我想趁着年轻多看看多走走，比家的大小更重要的是居住街区的环境，我更看重安全感；我不需要花哨的厨房，只要一口锅就好，哪里有这样的超短期、超简约公寓呢?

植入式微宅，像大衣柜一样简单。

先"有"后"优"

植入式微宅由建筑师团队运用BIM[①]正向设计，经过两年跨学科研发，形成了拥有8项专利的成熟产品。其对水的无依赖性、摆放场景的任意性、弹性适配的移动性，颠覆了对"家"的传统定义。在传统改造和增建公租

---

① 建筑信息模型（Building Information Modeling）是建筑学、工程学及土木工程的新工具。建筑信息模型或建筑资讯模型一词由Autodesk所创。它是用来形容那些以三维图形为主，与物件导向、建筑学有关的电脑辅助设计。

房之余，植入式微宅试图开辟保障房供应体系的"第三条路——先"有"后"优"，是面向"95后"、市中心务工等人群的超短期至短期住房，是对保障房供应体系的实践性补充。

产品具体补充包括三大策略。策略一是管线超集成，将水电设施集成在设备模块中，实现免接上下水等功能使产品不受布点场景的条件限制。策略二是细胞化模块随推随用，模块功能分为厨卫模块、起居模块、扩展起居模块和设备模块，可组成6m²基础款微宅，包括折叠床、收纳柜、微厨房、伸缩马桶、花洒、洗池等，满足超短期至短期住户生活需求。在此基础上产品扩展至9m²、12m²、18m²、27m²等户型。策略三是集成墙体加厨卫模块。将模块与集成装配墙体结合，适配城中村改造、写字楼改公寓等改造项目。以12m²、18m²、27m²户型为主。

微宅是一种可以直接植入不同场景中的住宅解决方案。它可以应用于居住建筑的改造，使得现有建筑能够更加灵活地满足不同居住需求。同时，微宅还可以应用于闲置公共建筑的改造。此外，微宅还可在户外闲置空间和新建建筑中使用，充分利用空间资源，提供更多的居住选择。无论是改造还是新建，微宅都可以为人们提供一个舒适、便捷的居住环境，满足不同人群的住房需求。

随用随置

产品将空调、水电点位、微氧设备等高度集成，可免接上下水，智慧管理；其超薄集成墙体具有隔声、保温隔热的性能，兼做管线组织空间。模块化的产品可复制、可重复使用；随用随置的模式建造快、恢复快；标准化生产降低了成本，适配程度更高。通过产品的高度集成设计，用户可以获得多个功能的同时使用，而无需额外接上水和下水系统。这种智能化管理系统可以通过集成的方式，实现对空调、水电等设备的智能控制和管理，提高生活的便利性和舒适度。超薄集成墙体不仅提供了良好的隔声效果，减少了来自外部的噪声干扰，还具有出色的保温隔热性能。这种墙体结构能够有效地提高能源利用效率，降低暖通空调系统的能耗。

此外，墙体内部还可以作为管线组织空间，方便了水电管线的布置和维护，使整体系统更加紧凑和高效。产品的模块化设计使得其具有可复制和可重复使用的优势。每个模块都可以独立制造和组装，然后在需要的时候进行快速搭建和安装。这种模块化的特点能够大大提高建造的效率，同时方便后期的维护和升级。

产品还采用了随用随置的建造模式，即按需建造，灵活性高，这种模式可以根据用户的需求和场地的情况快速进行建造和布置。相比传统的建造方式，随用随置模式更加高效和节约资源。

最后，产品的标准化生产过程降低了成本并提高了适配程度。通过标准化的设计和制造，产品可以更加精确地满足用户的需求，减少生产过程中的浪费。标准化还可以简化供应链管理，提高供应链的效率和灵活性，从而降低产品的成本，提前交付时间。同时，标准化的产品更易于与其他系统和设备进行集成和协同工作，提高整体的适配度和兼容性。

寻找 · 落脚 · 再寻找
一个 "95 后" 的心声

居住设备及管线超集成

细胞化模块随推随用

集成墙体组装 + 厨卫模块推入

可以超短租吗?

可以住在市中心吗?

可以快速入住吗?

今天收到一份深圳 CBD 的 offer,下一步就要在深圳落脚了。——该落在哪里呢?

比起铆足劲转正,更想趁年轻多看看多走走;
通勤时间不能太长,30~40 分钟最好;
安全感,比社交重要;
设施不用豪华,有一口锅就好……
——哪里有这样的超短期、超简约公寓呢?

居住设备及管线超集成

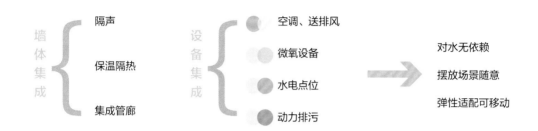

墙体集成 { 隔声 / 保温隔热 / 集成管廊 }

设备集成 { 空调、送排风 / 微氧设备 / 水电点位 / 动力排污 }

→ 对水无依赖 / 摆放场景随意 / 弹性适配可移动

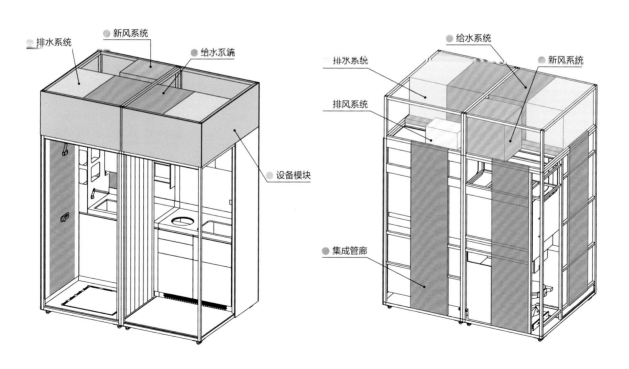

排水系统　新风系统　给水系统

设备模块

给水系统　排水系统　排风系统　新风系统

集成管廊

细胞化模块随推随用

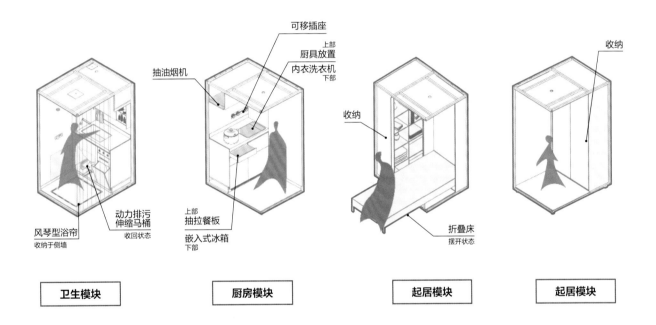

可移插座

抽油烟机

上部
厨具放置
内衣洗衣机
下部

收纳

收纳

风琴型浴帘
收纳于侧墙

动力排污
伸缩马桶
收回状态

上部
抽拉餐板

嵌入式冰箱
下部

折叠床
摆开状态

| 卫生模块 | 厨房模块 | 起居模块 | 起居模块 |

基础模块
1350mm×1000mm×2070mm

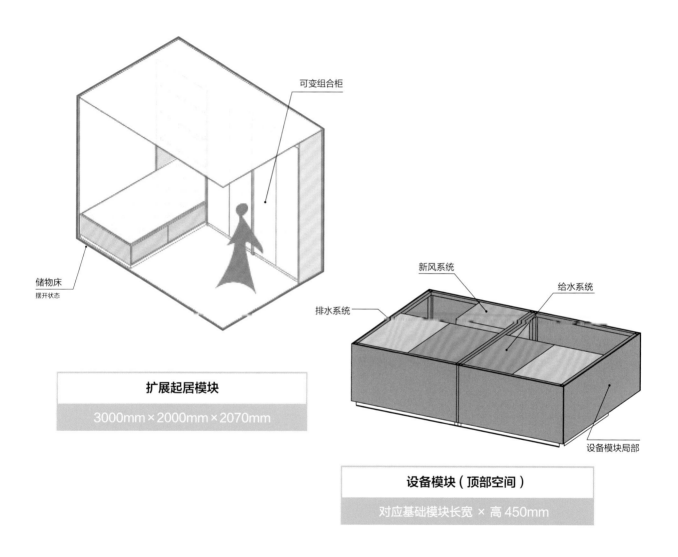

可变组合柜

储物床
摆开状态

扩展起居模块

3000mm × 2000mm × 2070mm

新风系统

给水系统

排水系统

设备模块局部

设备模块（顶部空间）

对应基础模块长宽 × 高 450mm

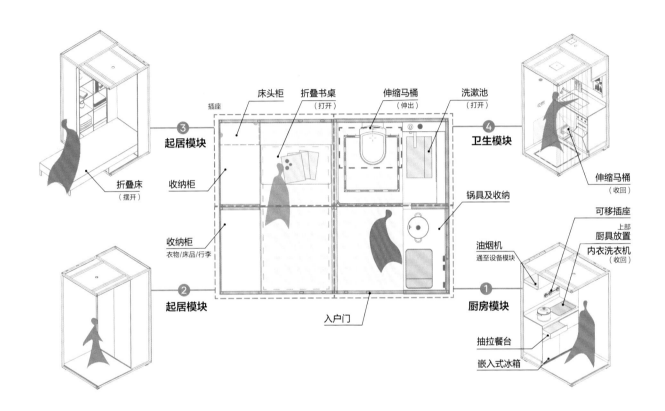

插座

床头柜　折叠书桌（打开）　伸缩马桶（伸出）　洗漱池（打开）

③ 起居模块

折叠床（摆开）

收纳柜

收纳柜
衣物/床品/行李

② 起居模块

入户门

④ 卫生模块

伸缩马桶（收回）

锅具及收纳

油烟机
通至设备模块

① 厨房模块

抽拉餐台

嵌入式冰箱

可移插座
上部
厨具放置
内衣洗衣机（收回）

基础模块 ×4=6m²（含拼装尺寸）

公共建筑改性：闲置工业园 / 写字楼

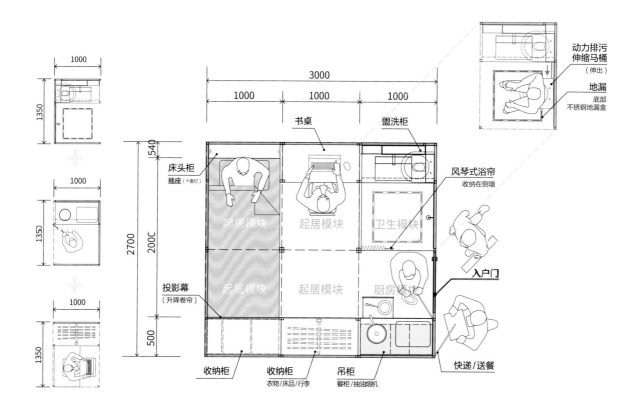

動力排污
伸縮馬桶
（伸出）

地漏
底部
不銹鋼地漏盒

3000
1000　1000　1000

書桌　　盥洗櫃

風琴式浴簾
收納在側牆

床頭櫃
插座（+夜燈）

540
200C
2700
500

起居模塊　起居模塊　衛生模塊

起居模塊　起居模塊　廚房模塊

入戶門

投影幕
（升降卷簾）

1000
1350

1000
1350

1000
1350

收納櫃　　收納櫃
　　　　衣物/床品/行李

吊櫃
餐櫃/抽油煙機

快遞/送餐

基礎模塊 ×6 = 9m² （含拼裝尺寸）

公共建築改性：閑置工業園 / 寫字樓

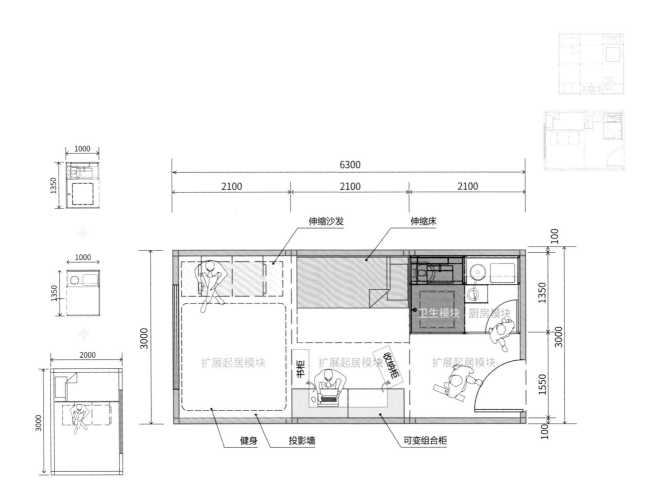

1000
1350

1000
1350

2000
3000

6300
2100 2100 2100

伸缩沙发 伸缩床

3000

100
1350
3000
1550
100

卫生模块 厨房模块

扩展起居模块 扩展起居模块 扩展起居模块

书柜 收纳柜

健身 投影墙 可变组合柜

扩展起居模块 ×2+ 厨卫模块 =18m²（含拼装尺寸）

居住建筑改造：城中村改造、公寓改造

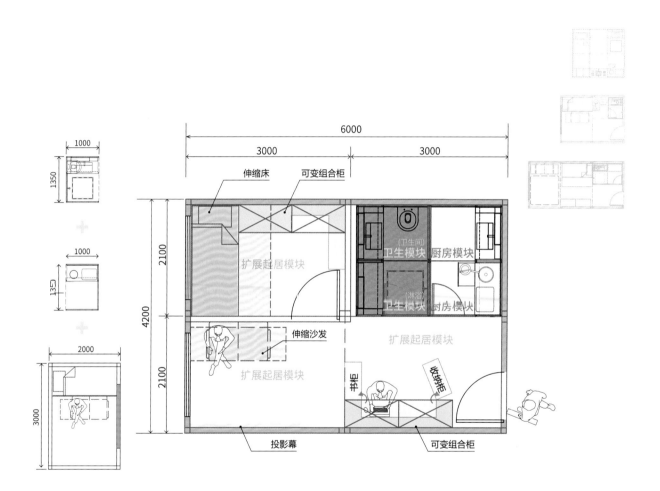

6000

3000 · 3000

1000 · 1350

1000 · 135

2000 · 3000

伸缩床 · 可变组合柜

2100 · 4200 · 2100

扩展起居模块

(卫生间) 卫生模块 厨房模块

(淋浴) 卫生模块 厨房模块

扩展起居模块

伸缩沙发

扩展起居模块

书柜 · 收纳柜

投影幕 · 可变组合柜

扩展起居模块 ×3+ 厨卫模块 =24m² （含拼装尺寸）

公共建筑改性、居住建筑改造、新建公租房

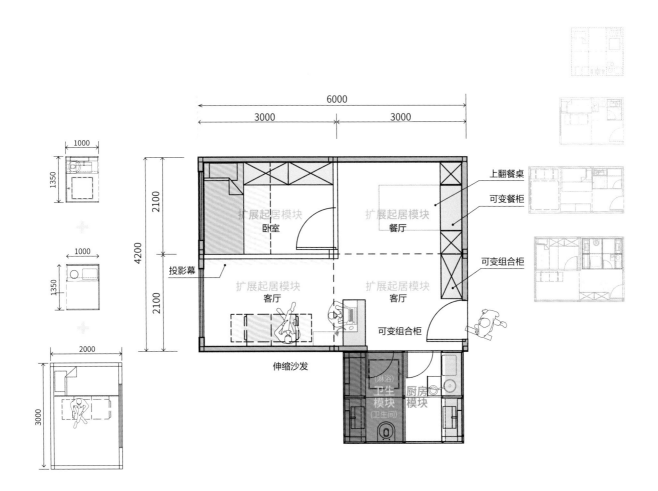

扩展起居模块 ×4+ 厨卫模块 =27m²（含拼装尺寸）

公共建筑改性、居住建筑改造、新建公租房

集成墙体组装　厨卫模块推入

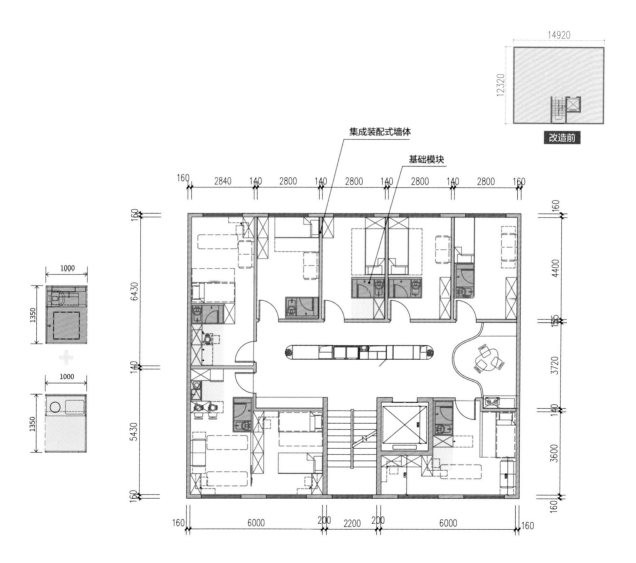

集成装配式墙体

基础模块

改造前

14920

12320

共享生活模块

- 干、湿垃圾
- 设备管井
- 餐品轮换井
- 送餐柜
- 吸尘器租用
- 洗衣机

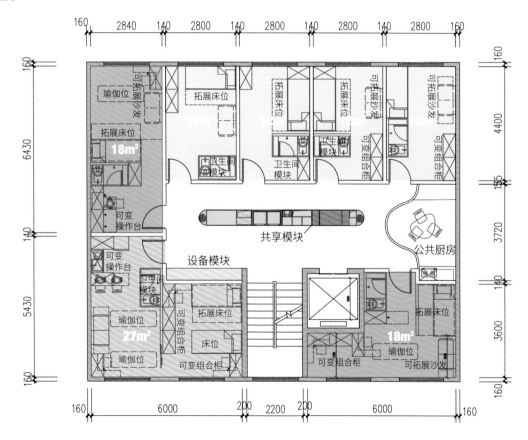

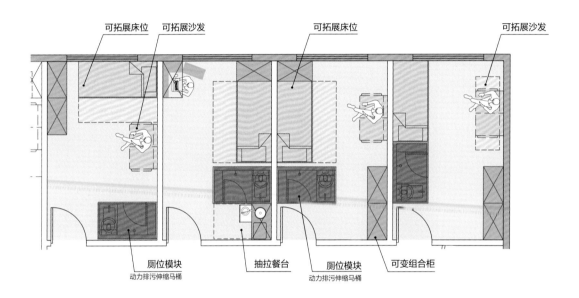

可拓展床位　　可拓展沙发　　　　　　　可拓展床位　　　　　　　　可拓展沙发

厕位模块
动力排污伸缩马桶

抽拉餐台　　　厕位模块
　　　　　　动力排污伸缩马桶

可变组合柜

集成墙体＋厨卫模块 =12.32m^2

城中村改造、写字楼改公寓

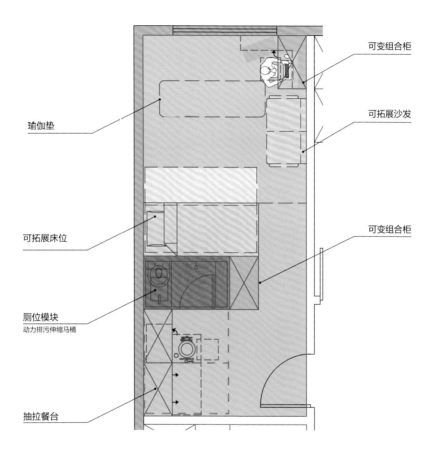

瑜伽垫

可拓展床位

厕位模块
动力排污伸缩马桶

抽拉餐台

可变组合柜

可拓展沙发

可变组合柜

集成墙体＋厨卫模块 =**18.26m²**

城中村改造、写字楼改公寓

设计方案

植入式微宅应用场景

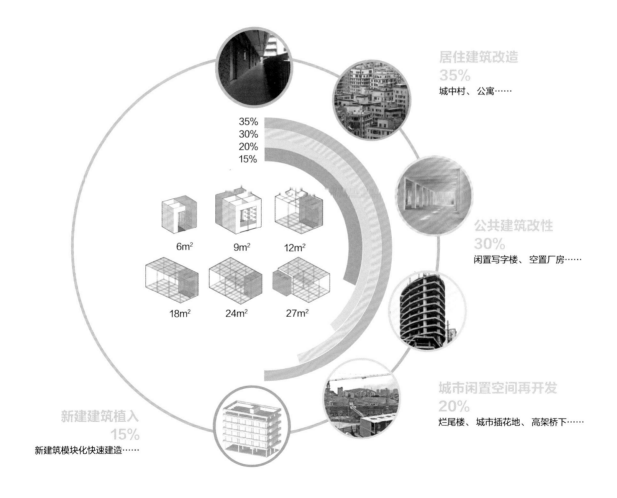

居住建筑改造
35%
城中村、公寓……

35%
30%
20%
15%

6m²　　9m²　　12m²

18m²　　24m²　　27m²

公共建筑改性
30%
闲置写字楼、空置厂房……

城市闲置空间再开发
20%
烂尾楼、城市插花地、高架桥下……

新建建筑植入
15%
新建筑模块化快速建造……

公共建筑改性——空置厂房

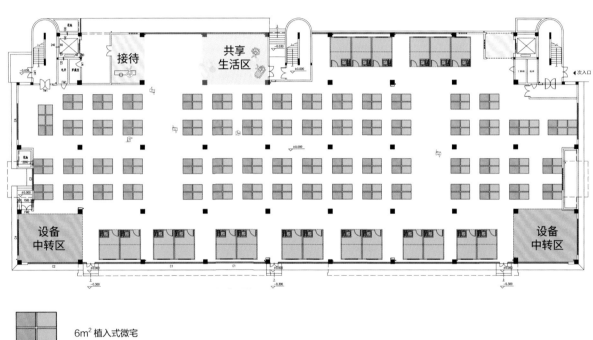

6m² 植入式微宅

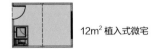

12m² 植入式微宅

公共建筑改性——公寓改造

技术经济指标

	模块组成	套内面积	床	可变组合柜	厨卫模块	收纳体积
细胞化模块随推随用	基础模块×4	6m²	0.9m×2m	0.9m×0.5m 1个	1卫生间模块（配动力排污伸缩马桶） +1厨房模块	3m³
	基础模块×6	9m²	0.9m×2m	0.9m×0.5m 1个	1卫生间模块（配动力排污伸缩马桶） +1厨房模块	5m³
	扩展基础模块×2+ 基础模块	12m²	0.9m×2m （拓展至1.5m）	0.9m×0.5m 1个	1卫生间模块（配动力排污伸缩马桶） +选配厨房模块	5m³
	扩展基础模块×3+ 基础模块	18m²	0.9m×2m （拓展至1.5m）	0.9m×0.5m 3个——变书桌、衣柜	1卫生间模块（配动力排污伸缩马桶） +1厨房模块	5m³
	扩展基础模块×4+ 基础模块	24m²	0.9m×2m （拓展至1.5m）	0.9m×0.5m 4个——变书桌、衣柜	2卫生间模块（配动力排污伸缩马桶） +2厨房模块	6m³
	扩展基础模块×4+ 基础模块×2	27m²	0.9m×2m （拓展至1.5m）	0.9m×0.5m 5个——变书桌、餐桌	2卫生间模块（配动力排污伸缩马桶） +2厨房模块	9m³
集成墙体+厨卫模块		12.32m²	0.9m×2m （拓展至1.5m）	0.9m×0.5m 2个——变书桌、衣柜	1卫生间模块（配动力排污伸缩马桶） +选配厨房模块	3m³
		18.26m²	0.9m×2m （拓展至1.5m）	0.9m×0.5m 2个——变书桌、衣柜	1卫生间模块（配动力排污伸缩马桶） +1厨房模块+1可变操作台	5m³
		18.20m²	0.9m×2m （拓展至1.5m）	0.9m×0.5m 4个——变书桌、衣柜、操作台	1卫生间模块（配动力排污伸缩马桶） +1可变操作台	5m³
		26.80m²	0.9m×2m （拓展至1.5m）	0.9m×0.5m 5个——变书桌、衣柜、化妆台	1卫生间模块（配动力排污伸缩马桶） +1可变操作台	6.5m³

附录一

优秀奖 The Excellent Prizes

◎ 巧变——泊旅驿站

◎ "小户型"与"大收纳"

◎ 3^3立方屋

◎ 方寸之间·悬居无限

◎ 积木之家

◎ 灵活之家

◎ "X"空间　生活"π"

◎ "寸"金天下，"空"中村落

◎ "玲珑·宅"

◎ 高适应性的极小住宅设计方案

◎ 垂直共享社区

◎ 折塔园居

◎ 迷你MAX

◎ "少"为了"多"

◎ 极小户型

巧变——泊旅驿站

本方案以"巧变——泊旅驿站"为设计主题，以"多元共享·温暖港湾"为设计理念，致力于在开放多元的深圳为有态度、有活力的城市青年提供可以安心停靠的一站式居住之所。设计以"空间弹性·功能灵活·成本可控·易于建造"为核心要点，在结构体系上采用"稳固不变"的装配式建造方式，在户型设计上采用"灵活可变"的功能布局，功能模式组合多元，利用多功能家具、灵活隔断、智能家居系统等满足个性化需求，在集约的户型空间里实现多场景转换，为在深圳奋斗打拼的青年们打造一个便捷、安心、健康、活力的高品质居住空间。

■ 设计理念

本方案以"**巧变——泊旅驿站**"为设计主题，以"**多元共享·温暖港湾**"为设计理念，致力于在开放多元的深圳为有态度、有活力的城市青年提供可以安心停靠的一站式居住之所。设计以"**空间弹性·功能灵活·成本可控·易于建造**"为核心要点，在结构体系上采用"**稳固不变**"的装配式建造方式，在户型设计上采用"**灵活可变**"的功能布局，在集约的户型空间里实现多场景转换，为在深圳奋斗打拼的青年们打造一个便捷、安心、健康、活力的高品质居住空间。

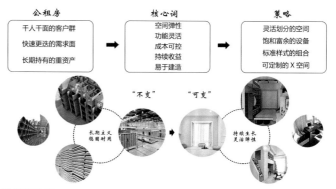

公租房	核心词	策略
千人千面的客户群 快速更迭的需求面 长期持有的重资产	空间弹性 功能灵活 成本可控 持续收益 易于建造	灵活划分的空间 饱和富余的设备 标准样式的组合 可定制的X空间

■ 首层平面图

■ 标准层平面图

①三种户型分开布局，形成12㎡、18㎡、27㎡片区，有利于柱网排布
②面宽柱采用7.2m柱网：兼容3间12㎡户型与2间18㎡户型面宽
③进深柱适应不同户型进深尺寸

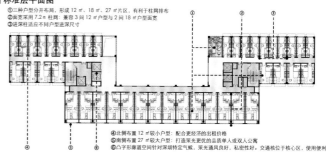

④北侧布置12㎡较小户型：配合更经济的出租价格
⑤南侧布置27㎡较大户型：打造采光更优的品质单人或双人公寓
⑥凸字形廊道空间针对深圳特定气候，采光通风良好，私密性好；交通核位核心区，使用便利

■ 立面效果

深圳市保障性租赁住房小户型设计竞赛　　01

■ 户型设计

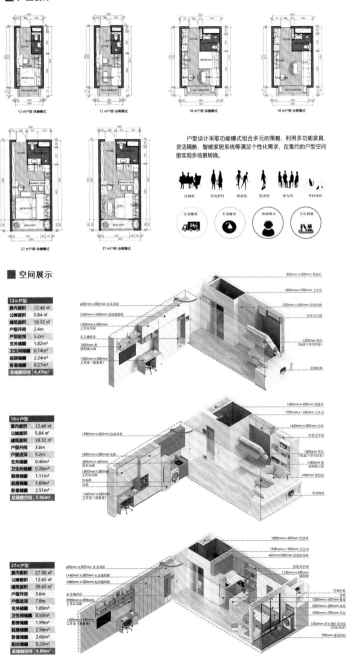

户型设计采取功能模式组合多元的策略，利用多功能家具、灵活隔断、智能家居系统等满足个性化需求，在集约的户型空间里实现多场景转换。

■ 空间展示

12㎡户型	
套内面积	12.48 ㎡
公摊面积	5.84 ㎡
建筑面积	18.32 ㎡
户型开间	2.4m
户型进深	5.2m
玄关储藏	1.82㎡
卫生间储藏	0.14㎡
起居储藏	2.24㎡
卧室储藏	0.27㎡
总储藏空间	4.47㎡

18㎡户型	
套内面积	12.48 ㎡
公摊面积	5.84 ㎡
建筑面积	18.32 ㎡
户型开间	3.6m
户型进深	5.2m
玄关储藏	0.46㎡
卫生间储藏	0.28㎡
厨房储藏	1.11㎡
起居储藏	1.60㎡
卧室储藏	2.51㎡
总储藏空间	5.96㎡

27㎡户型	
套内面积	27.00 ㎡
公摊面积	12.65 ㎡
建筑面积	39.65 ㎡
户型开间	3.6m
户型进深	7.8m
玄关储藏	1.89㎡
卫生间储藏	0.50㎡
厨房储藏	1.99㎡
起居储藏	2.56㎡
卧室储藏	2.66㎡
阳台储藏	0.20㎡
总储藏空间	9.80㎡

"小户型"与"大收纳"

对于租赁性极小户型，需平衡"有限空间"与"多样需求"的关系。通过在户型设计中对空间组合及家具的可变运用，实现对不同租户人群和居家需求的适应性转变，满足深圳青年租户的多样性居家需求。

A 类——12m² 的户型，重点平衡居住面积、品质及收纳需求三者之间的关系，将睡床与收纳空间垂直组合，实现空间的高效与衍生。

B 类——18m² 的户型，重点解决不同人群在不同时段下对居住空间的差异化需求，利用可移动立柜家具，实现同一空间下的多场景切换。

C 类——27m² 的户型，目标人群为新步入婚姻家庭的青年男女，在强化"家"的概念基础上，通过可变隔断墙的运用，让空间尽可能多地承载家庭生活，满足青年在忙碌工作与双人生活中的动态转化。

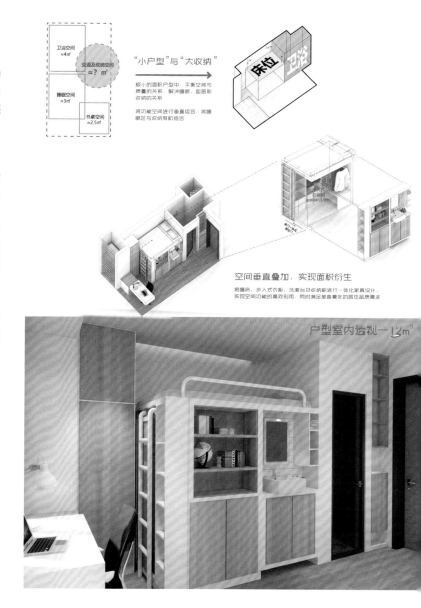

"小户型"与"大收纳"

极小的面积户型中，平衡空间与质量的关系，解决睡眠、配置和收纳的关系。

将功能空间进行垂直组合，将睡眠区与收纳有机组合。

空间垂直叠加，实现面积衍生

将睡床、步入式衣柜、洗漱台及收纳柜进行一体化家具设计，实现空间功能的高效利用，同时满足单身青年的居住品质需求。

户型室内透视一 12m²

移动式多功能立柜
——实现不同租户功能转换需求

户型基础平面—18m²

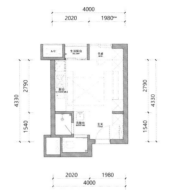

日常居家睡眠起居模式

紧忙状态下的居家加班模式

独享家庭剧院模式

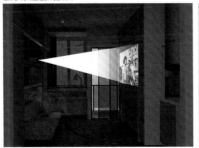

与亲朋密友周末烹饪时光模式

3³ 立方屋

有限模块 无限增长

设计基于对客群的"4W"思考（who/what/how/where），对空间尺度、生活模式、产品模数的三大研究，提出用最纯粹的 3³【3×3×3】基本单元进行户型产品组合【12m²、18m²、27m²……】，打造深圳市小户型保障体系的模数化、集约化、灵活性、普适性特色。

模数化： 用最纯粹的 3³ 基本单元打造客厅、卧室、厨卫 5 大基本功能模块，内含 10 组基本家具模块，用 1.5 个、2 个及 3 个模块分别组合成 12m²、18m²、27m² 产品。

集约化： 三个面积段产品满足新青年基本生活功能需求，布置紧凑集约。

灵活性： 可变家具设计，灵活场景切换，满足新青年个性化追求；统一模数下功能模块灵活组合。

普适性： 结合装配式建造技术，实现快速建造，适用于多样楼型及场地选址。

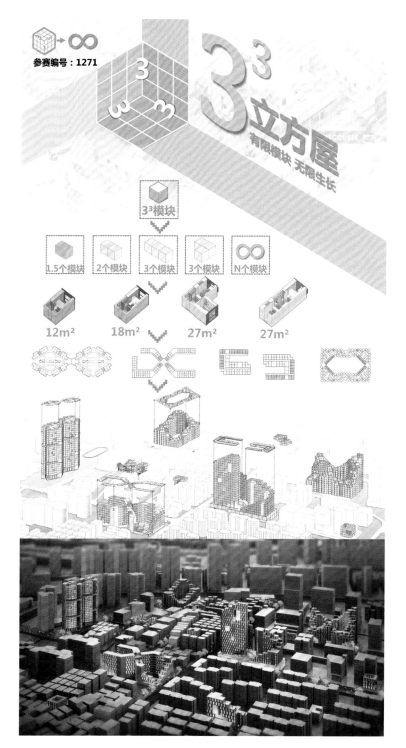

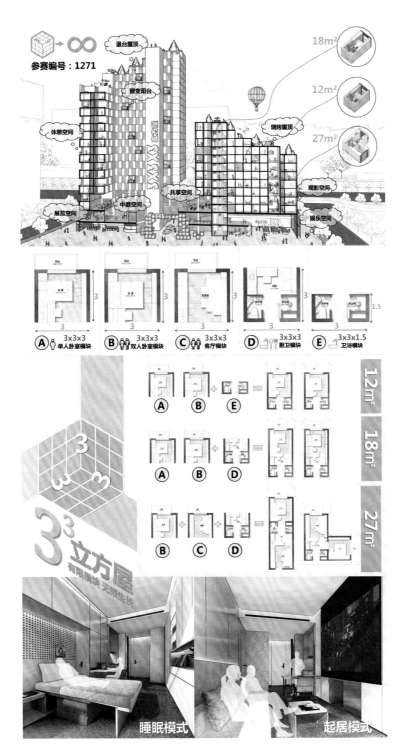

方寸之间·悬居无限

作为一名"深圳客","家"对我们而言充满想象，它始于方寸，却能放于无限。

家像个立方体，8.1m 柱网内随意组合，不变的是上上下下的电梯，可变的是内部家具组合、外墙的饰面与交往空间。

家又像个巨大的家具，通过悬挑、压缩，创造无限可能。12m² 甚至能让我们拥有两处秘密花园，足以应对人生的变化，单身＋狗，有女友，甚至有孩子。为此，我们给这个巨大的家具定义为"悬居"。

家像个花园，它是由一个个鲜活的立方体逐渐堆砌形成，立方体与立方体的孔隙是花园和中庭，退台式的搭建方式让我们这些深圳客在城市里也能做着乡村的梦。

最后，我们希望"悬居"能很快建成，所有的东西都在工厂预制好了，现场仅仅是吊装那么简单。

12m²也可以解决"前半生"——单身＋狗→家庭

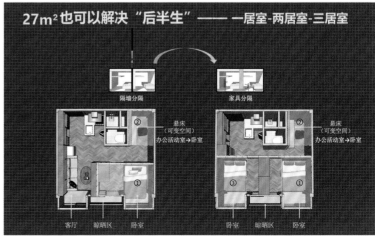

27m²也可以解决"后半生"—— 一居室-两居室-三居室

suspend———

悬居无限 LIVE

场景可变
模块生长
快速建造

单元体系：MIC模块化集成组合结构

12㎡ 18㎡ 26㎡

屋顶农场·节能减碳

屋顶球场
屋顶农场
健身房
景观台
创意空间
屋顶跑道
自习阅览
儿童乐园
开放门厅空间
漫步休憩

利用钢结构MIC，14天生产1个立方体，单个模块30分钟实现现场安装

积木之家

平面自由组合

用标准单元模块组合成无限可能。创作灵感来源于小孩玩的乐高积木。将三个面积段（12m²、18m² 和 27m²）做到进深一致、面宽不同的标准单元，根据地块不同，组合成最佳标准层平面。

2 IN 1(12m² 户）

单元内所有功能组件均以二合一为标准。入户利用过道，分隔浴、厨。浴室采用成品水槽连坐便器。浴室及淋浴门"二合一"，降低成本。起居、休息区以推拉门分隔，保持适当私隐。此区内家具设备包括双人座连折叠床、收纳柜，能满足储藏、用餐和工作的需求。

1+1=3(27m² 户）

本设计将以三人为方向标。起居室内地面抬升布置，增加收纳空间。过道配置鞋柜及衣柜，开放式厨房配备吧台式餐桌，可用餐和工作。起居室安装嵌入式升降餐桌。主卧室半开放式设计。

参赛编号1605

场景1 城中村改造方案

12m²户型 TWO in ONE 二合一

鸟瞰效果图 BIRD EYE VIEW RENDERING

立面 ELEVATION A

立面 ELEVATION B

对流窗
摺合沙發床
參考圖片源自PINTEREST

收纳柜速扇式摺合桌

PLAN　入口 ENTRANCE
回域 LOCATION
1. 起居室 LIVE/BEDROOM
2. 開放式廚房 OPENED KITCHEN
3. 浴室 BATHROOM
SCALE : N.T.S.

12M²戶型 FUNCTIONALITY 功能性

廚櫃連生活櫃解構圖

PLAN　ENTRANCE 入口
SCALE : N.T.S.

DESCRIPTION

二合一浴室連淋浴門

二合一坐便器

立面　SCALE : N.T.S.

PLAN　　　SCALE: N.T.S.

区域 LOCATION
1. 開放式廚房 OPENED KITCHEN
2. 開放式廚房 OPENED KITCHEN
3. 起居室 LIVE/BEDROOM
4. 浴室 BATHROOM
5. 浴室 BATHROOM

场景1

场景2

27M²户型 功能性 FUNCTIONALITY

立面 ELEVATION B

PLAN　　　SCALE: N.T.S.

立面 ELEVATION A

立面 ELEVATION C

标准层平面及组合方式
STANDARD FLOOR PLAN AND COMBINATION MODE

A　12 ㎡

B　18 ㎡

C　27 ㎡

| 12 ㎡ | 12 ㎡ | 18 ㎡ | 18 ㎡ |
| 12 ㎡ | 12 ㎡ | 27 ㎡ |

组合方式一

| 18 ㎡ | 12 ㎡ | 12 ㎡ | 18 ㎡ |
| 12 ㎡ | 12 ㎡ | 27 ㎡ |

组合方式二

12 ㎡	18 ㎡	18 ㎡
12 ㎡		
12 ㎡		
12 ㎡	27 ㎡

组合方式三

灵活之家

当代的青年个性突出，在生活方式上有着更高的、个性化的要求。不同的家庭环境、成长经历、兴趣爱好、职业经历都表现出居住需求上的差异性。公共租赁住房面向大众，面对的需求多种多样，所以必须具有灵活的适应性。因此，我们提出"灵活之家"的概念，即主要空间灵活可变，辅助空间高效集约。

在主要空间中，床是最主要也是平面尺寸最大的家具，床的位置基本决定了室内空间的格局，所以我们提出以可容纳床的最小尺寸2000mm×2000mm作为基本生活单元。我们以人体工程学为基础，结合家具的尺寸，实现在基本单元内容纳各种日常活动。用户可通过对基本单元内家具的选择以及改变基本单元的排布，来满足各种个性化的需求。

辅助空间模块化，可以提高生产效率，降低造价。

27㎡-C-2室内效果图

18㎡-B-1室内效果图

12㎡-A-2室内效果图

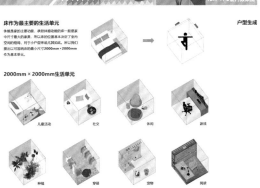

床作为最主要的生活单元

休息是家的主要功能，床和休息功能的床一起是家中尺寸最大的家具，所以床的位置基本决定了室内空间的格局，对于小户型来说尤其如此，所以我们提出以可容纳床的最小尺寸2000mm×2000mm作为基本单元。

户型生成

2000mm×2000mm生活单元

儿童活动　社交　休闲　游戏

种植　穿衣　宠物　阅读

27㎡卫生间效果图四

12㎡厨房效果图

灵活之家
Flexible Home

城市青年生活方式

当代的城市青年个性化突出，在生活方式和消费意识上有着更高的个性化的要求。注重自我愉悦的生活品质要求，生活中物化、互联网智能生活体验，全会爱好丰富，居家生活的开放包容。

灵活可变的家

1.不同的家庭环境、成长经历、兴趣爱好、职业经历、都需要提供个性化的居住需求之上的差异性。
2.公共服务的差异化大众。面对的需求丰富多样，所以其必须具有灵活的适应性。
3.我们提出灵活之家的概念，即主要空间灵活可变，辅助空间高效集约。

1. 27㎡、18㎡、12㎡三种户型面积大小

2. 置入2000mm×2000mm生活单元

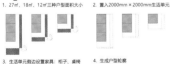

3. 生活单元侧边设置家具：柜子、桌椅

4. 生成户型轮廓

5. 置入辅助功能模块：厕所、厨房、阳台

6. 在户外侧设置设备管井，入口处形成过渡空间

户型室内布置平面图

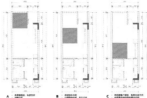

27㎡

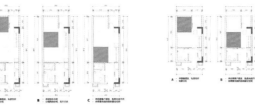

18㎡

12㎡

27㎡-A

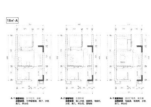

18㎡-A

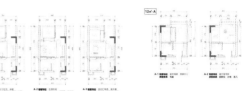

12㎡-A

27㎡-B

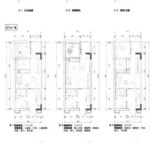

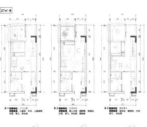

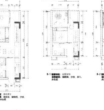

18㎡-B

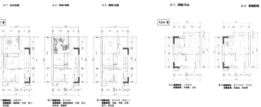

12㎡-B

27㎡-C

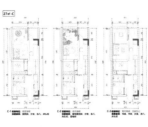

户型组合平面图

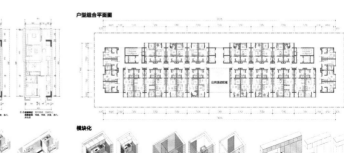

模块化

"X"空间 生活"π"

灵活多样空间　生活无限可能

空间，不仅仅能容纳单一而固定的功能，通过不同时段的不同组合，亦可满足同一租客在不同时段的多样场景需求，还可以实现不同租客群体的不同需求。

新市民、青年人、基本公共服务从业人员等作为保障性租赁住房的受众群体，具有不同的职业、年龄、爱好等，其生活模式和功能需求既有共性，也存在着多元化。

本设计通过对楼栋功能的合理组织、对户内空间的高效利用，将户内空间划分为5大功能分区，满足各类人群日常生活共性需求。利用"弹性留白""百变魔方"的设计手法，采用可收可合、灵活移动的家具实现功能转换，打造可承载多重场景的"X空间"。

新时代，不同人群的生活将在公共租赁住房里"π"出无限可能。

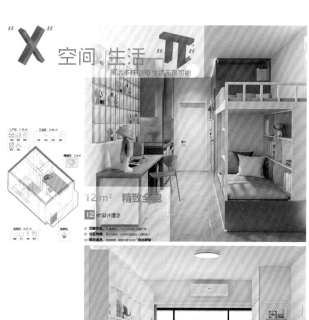

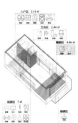

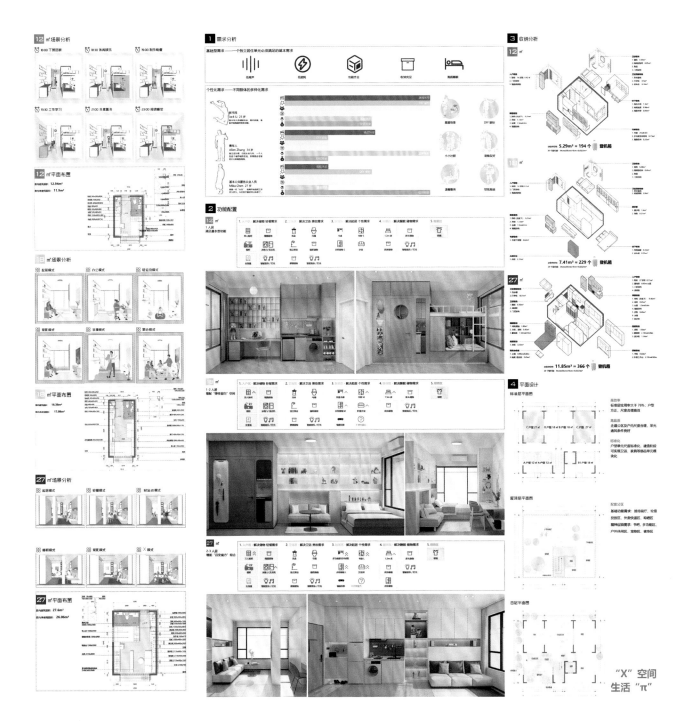

"X"空间
生活"π"

"寸"金天下，"空"中村落

城中树屋，都市山脉。做人人都租得起的好房子。

塑造超一线社区范本，从宏观城市到微观产品，重新定义城市居住生活典范。

城市三"融"
实现城市肌理融入、人才配套融合、空间交流融汇。

规划三"生"
社区环境生态化、公共场景生活化、产品可持续生长化，空间模块化。

产品三"优"
采用大面宽、小进深、好通风的多生态设计。

极致 12m²
迷你宅，初来深圳，极致两房，功能齐全，人人宜租。

舒适 18m²
理想居，收入稳定，独立两房，可分可合，居办皆宜。

典范 27m²
自由屋，品质优越，品质两房，变化三房，可分可合，居办皆宜。

梦想和家的温暖在这里实现，打造绿色生态、开放包容、文化氛围浓厚的青年社区，成为新青年的理想居所。

「寸」金天下　「空」中村落

INCH GOLDEN WORLD EMPTY VILLAGE

做 人 人 都 租 得 起 的 好 房 子

城 中 树 屋， 都 市 山 脉
垂 直 叠 落， 生 态 多 元
TREE HOUSE IN THE CITY, URBAN HILL
VERTICAL STACKING, ECOLOGICAL DIVERSITY

塑造超一线社区范本，从宏观城市到微观产品，重新定义城市居住生活典范。

梦想和家的温暖在这里实现，打造绿色生态、开放包容、文化氛围浓厚的青年社区，成为新青年的理想居所。

12 m²　18 m²　27 m²

屋顶绿化模块

创意空间模块

架空绿化休闲

极致 12 m²

悦·Mini 宅
两人合租
平摊租金
人人租得起

人群肖像
男／女／主卧合租；初来深圳，收入略低的打工人。

主要特色
麻雀虽小，五脏俱全，两套窗户型，南北通透，采光良好，一人睡上固，一人睡下固，AB卧室空间，分别有独立学习学习空间，6m²可变 L 型大阳台，再小也含有厨房。

上A下B卧室空间　折叠餐桌　淋浴空间

多用途飘窗　L 型可变大阳台

场景一 初来深圳，收入略低，极致两房

场景二 单床模式，善用阳台，模式多变

舒适 18 m²

乐·理想居
可分可合
弹性多变
居办皆宜

人群肖像
男／女／主卧者／情侣模式 品质较高独立两房，供收入稳定者。

主要特色
超大三面宽户型，南北通透，采光良好，可合租两人，分别拥有独立卧室互不干扰，干湿分离卫生间，功能完善全隔离，可供娱休闲阳台和客厅相连。

卧室A空间　干湿分离卫生间　厨房空间

绿色生态花池　南北通透大客厅　卧室B空间

场景一 收入稳定，品质合租，功能齐全

场景二 收入稳定，厅房转换，宜居舒适

典范 27 m²

270°自由屋
独立两房
品质优异
理想户型

人群肖像
男／女／主卧者／情侣模式 品质较高独立两房，供收入稳定者。

主要特色
超大三面宽户型，南北通透，采光良好，可合租两人，分别拥有舒适独立卧室互不干扰，干湿分离卫生间，功能线完善全隔离，可供娱阳台休闲阳台和客厅相连。

卧室A空间　干湿分离卫生间　厨房空间

绿色生态花池　南北通透大客厅　卧室B空间

场景一 扎根深圳，品质两房，居家典范

场景二 扎根深圳，模式多变，理想宜居

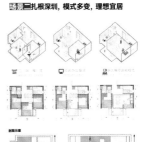

"玲珑·宅"

从小户型用户需求和未来场景出发，在建筑本身空间使用效率和建造资源损耗的性能化平衡中探寻出创意概念。

方案首先从社会学层面的跨界系统研究方法出发，基于社会调研的大数据统计，小中见大，设计极致收纳空间和花园阳台；并基于新能源被动发电和储能的技术，纵横结合居住的邻里关系私有与共享的层级空间策略，按照韧性和健康社区的知识体系，通过智慧的设计探索，用一个预制标准单元通过自身组合变化，打造多样化的户型单元，满足青年未来人居的不同需求，最终创造出符合地块要求却意料之外的建筑原型系统，实现建筑物"单元组合—整体建筑形态—适应多种城市场地条件的高水准的小户型住宅产品原型"的转变。

单元组合逻辑

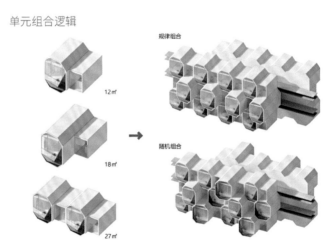

规律组合

随机组合

12㎡

18㎡

27㎡

高适应性的极小住宅设计方案

设计立体多层次的庭院花园空间，塑造活力共享、绿色生态社区；户内分区明确、空间极致利用，享受灵活多变智慧生活；通过整体模数化、装配式设计，实现建筑空间的自然生长、高效集约。

高适应性的极小住宅设计方案

EXTREMELY SMALL HOUSING DESIGN SCHEME WITH HIGH ADAPTABILITY

设计理念三：灵活多变、智慧生活

27 m² 聚会模式

一、飘窗替代阳台，设置公共晾晒区，更高效集约利用空间

二、可预制固定模块＋可变个性空间

三、丰富完整的八大全宅智能系统

27 m² 套内面积

18 m² 套内面积

12 m² 套内面积

18 m² 聚会模式

18 m² 日常模式

27 m² 日常模式

27 m² 厨房贯通隔断

垂直共享社区

数字时代下，新的共享生活方式已经逐渐扩散。尽管年轻人有着数字化的联系，但他们显然也感到比以往任何时候都更加孤独。我们通过对深圳龙华旧城区内一栋典型建筑的改造，打造了从首层到屋顶分布不同功能的垂直共享社区（Co-living），满足了年轻人居住、社交、娱乐、工作、休闲等日常需求。同时设计了三类户型，通过模块化设计及智能化系统，满足不同阶段对空间的需求，提升住户的生活品质。通过公区与户内的有机结合，营造丰富的社群体验与圈层效应。我们希冀以此为驱动，为整个片区带来新的活力，让人们在这里寻找回最初的邻里关系。

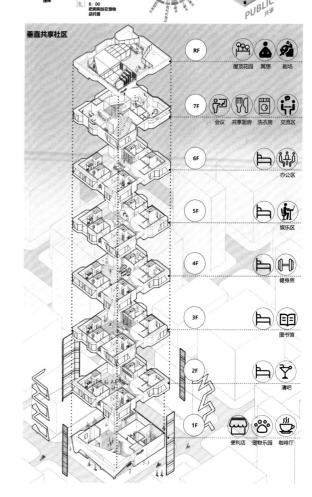

Co-Living

深圳市保障性租赁住房小户型设计竞赛
Shenzhen Affordable Rental Housing Design Competition

城中村改造效果模拟

标准层平面 | House type analysis

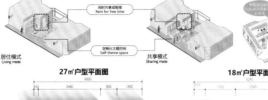

模块化设计 | Modular

功能配置
床、桌椅、收纳、独立卫浴、厨房、洗衣机、冰箱

■ **模块A：多功能集中模块**
Module 1: cabinet furniture module
功能面积：6㎡ 收纳体积：5.2㎡
a 榻榻米收纳 L2750*W1700*H300
b 书柜收纳及顶柜收纳 L2700*W400*H1.2500/H2.600
c 玄关柜及衣柜双面收纳 L1700*W600*H2500

■ **模块B：集成式卫浴模块**
Module 2: integrated bathroom module
功能面积：2.4㎡
L1800*L1300W*H2400

■ **模块C：栅柜组合模块**
Module 3: cabinet furniture module
功能面积：1.2㎡ 收纳体积：2.2㎡
厨柜+办公桌+餐桌
L1:1680*W1:600*H1:2800
L1:2040*W1:600*H1:2800

■ **模块D：活动家具**
Module4: movable furniture
功能面积：1.2㎡

可变的公共空间 | Variable strategy

居住模式
Living mode

闲时共享或出租
Rent for free time

定制化主题空间
Self-theme space

共享模式
Sharing mode

墙体旋转轴 | Rotation axis

墙体采取轻量化设计，通过铝材骨架搭建，两端加镶嵌木板作为外观面。末端有磁力锁。墙体转动到位后，角度编码器会发出信号让磁力锁通电吸附固定。

铝材骨架
镶嵌木板
磁力锁

转动轴
墙体
动力单元
从动轴

安装板
扭矩传感器
齿轮轴
直流电机

功能设计 | Function design
首层空间 | Spatial strategy

星空剧场
星繁沙龙
心灵庇护所
高效运动仓
微型图书馆
社区茶话会
社区客厅

典型标准层公区 | Standard floor public area

顶层空间 | Overhead space

天面空间 | Roof space

27㎡户型平面图

18㎡户型平面图

12㎡户型平面图

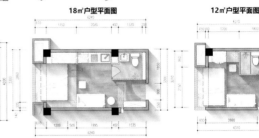

27㎡户型室内效果展示

18㎡户型室内效果展示

27㎡户型室内效果展示

18㎡户型室内效果展示

折塔园居

深圳保障性租赁住房是以新市民、青年人、基本公共服务从业人员为目标群体的小户型住宅产品。通过调研分析，我们将居住品质、社会性、空间可变性、生态性、经济性作为基本的设计原则，提出了阳光权、私密性、灵活可变、开放共享、生态节能、预制装配六种设计策略。

在户型设计中，根据最小居住需求，确定起居、厨房、卫生间三种基本生活单元模块，并以此为模数基础确定基本家具模块。通过基本单元组合，构建 A、B、C 三种基本户型。所有户型均采用整体橱柜卫浴系统及定制家具系统，实现了空间的多情境转换。不同户型组合的灵活性也带来了构建不同标准层以适应具体场地的可能性。公区设计采取化整为零、转直为折的策略，创造了质朴、丰富、宜人的园林式公共空间。

策略
STRATEGY

阳光权
大面宽小进深

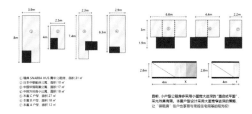

灵活可变
多情景转换 VS **通用空间**

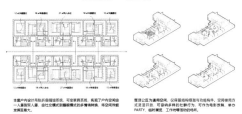

生态节能
自然通风 VS **呼吸绿墙** VS **太阳能**

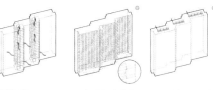

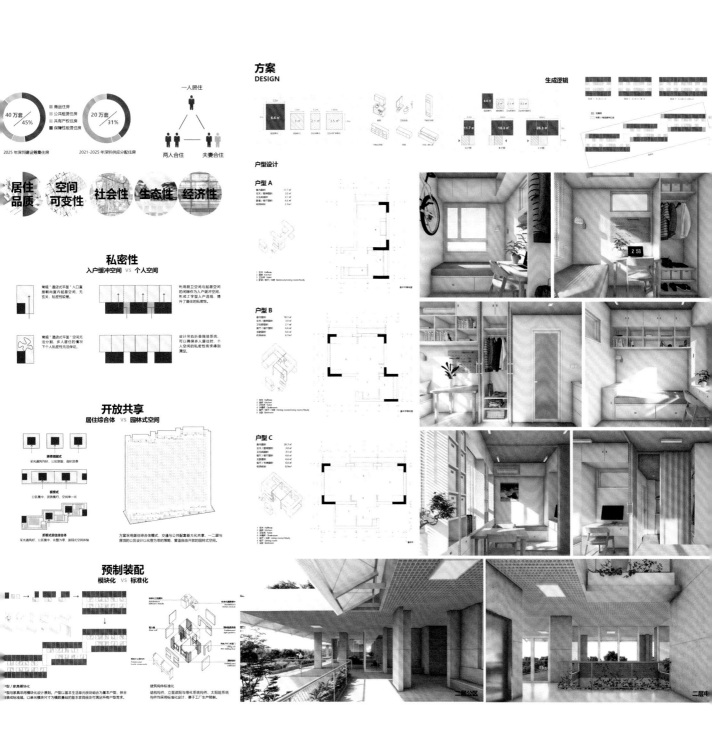

迷你 MAX

人口密度极高的一线城市——深圳,高房价,低土地出让,旧改周期长,保障房轮候时间长,所以减少保障房的等待时长,改善深圳新市民的居住现状,是我们的设计出发点。

基于这个设计出发点,我们确定用一半的居住面积来满足现有保障房的居住需求,减少面积而不减少空间体验,在有限的空间内创造高品质空间成了最大的设计要点。在迷你的空间内创造一个超尺度的 MAX 空间,在MAX 空间通过智能家居和立体集成家居实现空间的无限拓展。

设计措施:
1. X 空间 C 位设计,无走道空间设计。
2. 集成家居,极致收纳,满足住户各种收纳需求。
3. 最大自由空间,满足住户多样化精神需求。
4. 智能家居变化,空间的四维利用。

一个功能全面的家、场景丰富的家足以装满我们丰富的精神世界。

参赛编号: 1969

"一个多元无穷大的家,场景丰富的家"

深圳特点:

高房价　　　　旧改周期长
低土地出让　　保障房轮候时间长

设计出发点:

减少保障房的等待时长　改善深圳新市民的居住现状
创造最大的 X 场景空间

20SS 迷你 MAX

small is max, max to ∞.

回型流线,无走道空间
空间利用率 100%

XS MAX
12 ㎡产品

S MAX
18 ㎡产品

S MAX Pro
27 ㎡产品

**C 位 X 空间
创造百变场景**

访客留宿模式

运动健身模式

直播带货模式

12㎡
一个人的
自由空间

C 位 X 空间
集约简厨
模块化阳光床
模块化明卫设计

会聚餐模式

关怀养宠模式

家办公模式

参赛编号：1969

集约解决固有需求
提升精神需求空间
高效利用空间，多维度提升居住品质

18㎡
2 个人的完美
生活

- 大面宽设计
- 明卫设计
- 极致收纳
- 观景阳台
- 自由空间占比 49 %

收纳床　玄关　玄关柜

2850
X空间
沙发
2550

卫　阳台　隔板
1450

1400　2200
3600

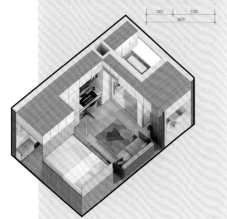

两面宽设计，户型全方面升级，满
足家庭需求
可分可合分隔墙体，一室二室自由
切换

卫　玄关　收纳床
收纳
2800
X空间L
5200
卧室　B
阳台　G　K　厨房

2200　1300　1900
5400

27㎡
3 口之家
舒适家庭生活

- 两面宽设计
- 独立卧室
- 情景化客厅 / 厨房
- 一室二室自由切换
- 巧借空间，大横厅设计

运动模式

居家办公

C 位 X 空间
创造百变场景

聚餐模式

亲子模式

L 型阳台

场景化厨房

"少"为了"多"

方案以解决深圳新市民实际居住需求为出发点，设计提高核心地段土地使用效率，增加户数，室内设计实现空间＆场景可变。

设计亮点：

1. 控制面宽，增加套数：控制单户有效面宽，增加中心地段可申请套数（同一地块增加套数 9.2%），期望更多新市民可以在公司附近申请到住所；

2. 模数面宽，户配灵活：12m²、18m²、24m²（27m²）三种面积段按比例分配面宽（X、1.5X、2X），实现户配任意组合；

3. 模块家具，场景切换：600mm×600mm模块家具设计，家具模块相互关联，多功能设计，尺寸可拓，轻便易挪，实现无障碍拼接摆放，可轻松切换各种生活场景；

4. 智慧运营，按需申请：手机 App 线上操作，使用者按需申请不同面积、不同费用房型；家具按需申请、计件付费，并可在一定范围内封闭流转。

极小户型

设计任务提出的 12m² 和 18m² 极小户型是比快捷酒店还要狭小的户型，如何把这类户型设计得有效、实用、舒适，是我们理解的设计核心。

我们将满足所有生活基本需求的各个功能整合在一个被称为"功能核"的空间中，将其余空间作为可变空间用来满足不同户型的面积需求，由此所有户型都是由功能核组成的私密空间和可变化的起居空间两部分组成。

因为起居空间的狭小，我们以 6 个单元户型组成一个小型聚落的方式，鼓励住户通过共享起居空间的方式来弥补空间的不足，促进年轻人的交流，推动社区性场所的形成。

联系各个聚落的公共走廊以错层的空间挑高形式与单元标高错半层，并通过园林化的处理方式，使得走廊空间更具有趣味性和公共性，激发住户间的交流欲望。

功能核和各单元户型示意图

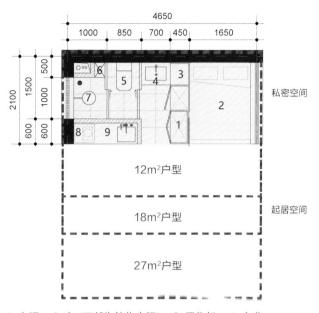

1. 衣柜　2. 床（下部为储物空间）　3. 置物架　4. 台盆
5. 马桶　6. 置物架　7. 淋浴间　8. 嵌入式洗衣机　9. 橱柜

功能核轴测和剖面图

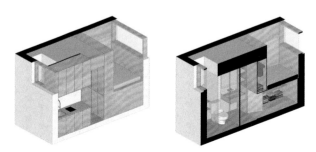

单元户型组合图

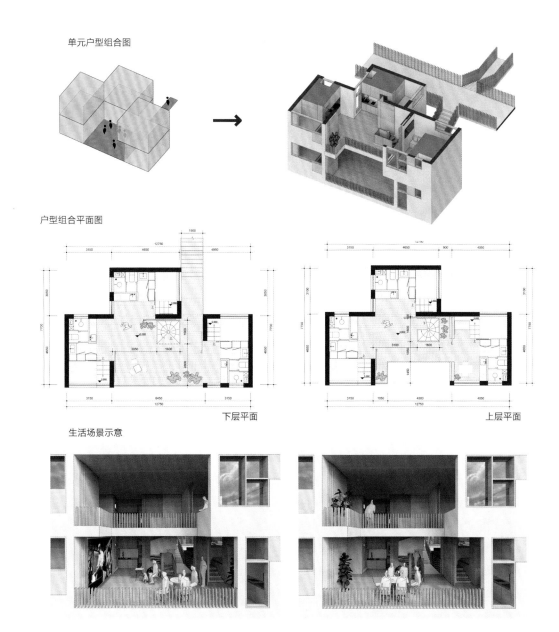

户型组合平面图

下层平面

上层平面

生活场景示意

附录二

深圳市保障性租赁住房小户型设计
竞赛评审现场

深圳市保障性租赁住房小户型设计竞赛获奖作品展
——市民中心展厅

时间：2022 年 11 月 7 日—12 月 7 日
地点：市民中心 B 区东展厅

2022 年 11 月 7 日，深圳市保障性租赁住房小户型设计竞赛获奖作品在深圳市民中心正式面向公众展出。经过多轮专家评审、网络投票等环节，根据创新性、模块化、标准化、可推广等标准，从 319 份参赛作品中脱颖而出的 23 份获奖作品，开启为期一个月的展示，向市民呈现"小而美"所拥有的独特魅力。此次展览主要通过展板、模型、视频、实体样板间、BIM 数字平台等多种形式，展现本次大赛的 23 份获奖作品。

深圳市保障性租赁住房小户型设计竞赛获奖作品展
——第九届深港城市／建筑双城双年展展厅

时间：2022 年 12 月 11 日—2023 年 4 月 2 日
地址：广东省深圳市罗湖区太白路 3008 号天河城

2022 年 12 月 11 日，第九届深港城市／建筑双城双年展（深圳）向公众开放。在本届双年展上，由深圳市住房和建设局主办，深圳市人才安居集团承办，深圳市勘察设计行业协会、深圳市装饰行业协会、深圳市家具行业协会协办的深圳市保障性租赁住房小户型设计竞赛获奖作品展同步与市民见面。

深圳市保障性住房展示中心
——岗厦北交通枢纽

时间：2024 年 5 月开放
地点：福田街道深南路与彩田路交叉口岗厦北地铁枢纽商业东区（14 号口）

展示中心本着保障性住房高品质、多户型、便捷化、可持续的理念，聚焦安居集团"多建房、快建房、建好房、管好房"四大使命，通过样板间、橱窗、多媒体、模型、展板等多种形式分别呈现保障家、幸福家、理想家、技术家、发展家、交流家六个主题，为市民呈现深圳市保障性住房建设的成果及对未来的展望。

附录三

安居集团简介

　　安居集团于2016年6月30日注册成立，10月9日挂牌运作，注册资本1000亿元，是深圳市属国有独资企业和保障性住房专营机构。经过7年快速、超常规发展，实现全市保障性住房"一盘棋"发展格局，成为全市住房保障的重要抓手；创新搭建了保障性住房建设筹集、运营管理、住房租赁、住房金融"四大平台"全链条一体化运作体系，并通过租售并举，滚动开发，探索了保障性住房"政策性功能性导向、企业化管理、市场化运作"的可持续发展"深圳模式"。

　　集团坚持"以人民为中心"的发展思想，深入实施集团"一四五一"发展战略，坚定不移走好"一体两翼、双轮驱动"高质量发展之路（打造全国先行示范的保障性住房产业集团这一主体，坚持"金融+科技"两翼齐飞、"新建+改建"双轮驱动），千方百计"多建房、快建房、建好房、管好房"。截至2023年底，安居集团总资产2085亿元，净资产1164亿元，实现总投资1691亿元；累计筹建保障性住房28.2万套，供应12.25万套，约占全市同期总量的1/3。

　　集团千方百计拓展"六类十五种"渠道，开启深圳盘活国企存量用地建设保障性租赁住房先例，形成"储备一批、开工一批、运营一批"的滚动发展新机制；积极探索在保障性住房运用建筑机器人、混凝土模块化建筑、分布式光伏发电、全屋智能家居、装配式装修、BIM/CIM等，打造出华章新筑等一批全国保障性住房精品示范样板；率先发行全国首批、深交所首单保障性租赁住房公募REITs——红土深圳安居REIT，开辟了保障性租赁住房"投、融、建、管、退"全生命周期发展新模式；以"让人民群众住上更好的房子"为目标，用心用情提升物业管理水平，安居商业品牌"安荟邻"打造"城市一刻钟便民生活圈"，"租赁管理到位、物业管理有序、商业配套完善、社区环境宜居"的高品质保障性住房服务正在形成；积极落实中央关于在超大特大城市积极稳步推进城中村改造的决策部署，为新市民、青年人提供"高品质、小户型、便捷化、可负担"宜居空间，助力深圳创造引领保障性住房快速供给的先行示范新模式；扎实推进乡村振兴，大力落实对口潭西镇帮扶工作，产业帮扶、消费帮扶、教育帮扶、惠民工程等多维度巩固乡村振兴成果、带动地区发展的模式成效显著。

集团倡导"团结、坚韧、职业、感恩、奉献"企业文化，获得"国家'绽放杯'5G应用征集大赛智慧园区专题赛一等奖""中国数字化实践突破奖""广东省法治文化建设示范企业""深圳市五一劳动奖状""深圳市卓越经营奖""深圳十佳质量提升国企""深圳市金融创新奖""深圳市社会担当企业"等多项国家、省、市荣誉，得到各级党委、政府和社会各界的高度认可。

后记

给年轻人一个温馨的家

墙壁上方是壁挂式储物柜，下面为写字台，床边还有书架，18m²的户型空间虽小，布置却十分紧凑、实用，极富想象力的设计布局，在"方寸之间"打造出一个温馨的小家。

对在深圳打拼的年轻人而言，拥有一个温馨的小家，是刚需，更是美好生活的起点。

近年来，深圳发力解决新市民、青年人的住房问题，探索居民可负担、企业可持续的保障性住房发展模式，打造高品质、便捷化、更舒适的宜居环境。同时，深圳与国家住房保障体系全面对接，形成了以公共租赁住房、保障性租赁住房和配售型保障性住房为主体的多层次、有梯度的保障性住房体系。

针对新市民、青年人更现代的生活理念和更差异化的居住需求，深圳于2022年率先开展了保障性租赁住房小户型设计竞赛，竞赛以"小户型、高品质、新生活"为目标，在"方寸之间"发挥创造力，通过不同专业、产品的整合，以及对生活细节的关注，实现小户型产品的普适性和可推广性，打造符合新市民、青年人消费水平及新生活理念的高效集约型优秀居住空间。在面积有限的条件下，让居住者住得舒适，享受"小而美"的优质生活环境。

参赛者以新建住房、城中村改建或宿舍改建等多类场景为基础，选择三个面积段中的至少任意两个进行设计，在满足层高不超过3.0m、可供单人/双人居住以及提供最低功能配置的基础要求之上，还考虑了生活场景变化、居住者更换、科技产品变更迭代、装修家具运营维护等方面，通过设计手段提高了居住的品质和舒适性，体现了便利、实用、集约原则，并满足了普适性、可推广性和可实施性的要求。

经过竞赛组委会初审、终审以及网上投票，最终在综合考虑作品的创新性、模块化、标准化、可推广性等多方因素基础上，兼顾专家终审、网上投票、户型类型（新建、城中村）、单位及个人、地域分布等情况，专家给出了专业技术咨询意见，提出了一、二、三等奖及优秀奖的建议名次。在公布竞赛获奖名单后，竞赛组委会又通过广泛的媒体报道和三次不同形式的展览，让更多的深圳市民参与到了对未来人居的思考和讨论中。

本书在参赛作品方案、展览方案以及多次讨论的基础上，历时两年，选出本次竞赛中的一、二、三等奖以及优秀奖作品，经过精心编辑结集出版。通过获奖作品设计团队、设计理念、作品特色和设计方案四个板块的精心呈现，给热爱建筑设计以及关注人居环境的全国读者送上一本专业性强，同时易于阅读、可资参考的专业设计图书。华南理工大学建筑学院院长、全国工程勘察设计大师孙一民教授为本书撰写了序言《为住宅研究的回归鼓掌》，指出本次竞赛将引发社会对未来设计住宅建造模式的反思，让人们更加关注住宅品质的提高，关注人的需求。为了更好地呈现这些小户型的案例，我们邀请各位设计师重新撰写了设计理念，在设计方案之外阐释他们的初衷，并与他们反复沟通其作品特色，以期让读者更好地理解这些作品的应用场景。这本书不仅仅是小户型作品的精选集，还是对未来人居的思考与探索。这本书呈现的是一个个小家，也是一个个关于小家的梦想。

我们欣喜地看到，无论是建筑设计公司还是个人设计师，无论是资深的建筑专家还是年轻的设计学者，他们都能够站在城市维度思考社会问题，建立系统性的设计实施策略，运用技术手段改善未来人居设计。他们充分运用盘活现存资源、集约高效利用的创新性思维，实现对设计理念、住房类型配置、配套设施建设、租金定价等方面的全周期管理。更重要的是，这些获奖作品的初衷是从人性需求出发，进而延伸到社区发展，有效助力实现生活的高品质、便捷化，避免"生活孤岛"，创造出属于深圳青年人的"小而美"的港湾。

一个安全、舒适的家，是青年人在城市创业与工作的出发点和落脚点，唯有生活可期，才能有更好的梦想赋能城市高质量发展。

感谢所有参与本次竞赛的设计师，感谢为竞赛付出辛勤工作的评委老师，感谢深圳市住房和建设局、深圳市人才安居集团有限公司所有参与项目团队的专家和工作人员，感谢深圳报业集团印务有限公司的书籍装帧团队，感谢中国建筑工业出版社的编辑，也感谢每一位关注未来人居的读者，正是因为有大家的共同努力，才能够让青年有梦想，让城市有未来。

编委会

2023.12

图书在版编目（CIP）数据

未来人居：深圳市保障性租赁住房小户型设计竞赛
作品精选集 / 深圳市住房和建设局，深圳市人才安居集
团有限公司主编. —北京：中国建筑工业出版社，
2024.5

ISBN 978-7-112-29694-1

Ⅰ. ①未… Ⅱ. ①深… ②深… Ⅲ. ①保障性住房－
建筑设计－作品集－深圳－现代 Ⅳ. ①TU241

中国国家版本馆CIP数据核字（2024）第058256号

责任编辑：陈夕涛　徐昌强　李　东
封面设计：高雅晗
版式设计：王秀娟
责任校对：赵　力

未来人居：深圳市保障性租赁住房小户型设计竞赛作品精选集

深圳市住房和建设局　深圳市人才安居集团有限公司　主　编

*
中国建筑工业出版社出版、发行（北京海淀三里河路9号）
各地新华书店、建筑书店经销
北京锋尚制版有限公司制版
天津裕同印刷有限公司印刷
*
开本：889毫米×1194毫米　1/20　印张：14　字数：204千字
2024年4月第一版　　2024年4月第一次印刷
定价：**158.00**元
ISBN 978-7-112-29694-1
　（42693）